预制装配式建筑施工技术系列丛书

预制装配式别墅图集

远大住宅工业集团股份有限公司　主编

中国建筑工业出版社

图书在版编目（CIP）数据

预制装配式别墅图集/远大住宅工业集团股份有限公司主编．—北京：中国建筑工业出版社，2018.8

（预制装配式建筑施工技术系列丛书）

ISBN 978-7-112-22458-6

Ⅰ.①预… Ⅱ.①远… Ⅲ.①别墅-预制结构-装配式构件-工程施工-图集 Ⅳ.①TU241.1-64

中国版本图书馆 CIP 数据核字（2018）第 160373 号

　　本书汇总了长沙远大住宅工业集团众多预制装配式别墅项目。共分 13 章。第 1 章从方案设计、工厂生产工艺、主体现场施工、装修部件施工等方面，具体阐述了枫丹白露预制装配式别墅从图纸到建筑实体的产生过程。第 2 章至第 13 章，通过展示建筑图纸、工艺图纸、部件图纸、照片等方式，介绍了其他 12 种预制装配式建筑产品，包括：凡尔赛、美式经典、依云系列、BOX 系列、法式、山姆、维多利亚、北欧、巴伐利亚等预制装配式别墅，以及达沃斯、瑞士、蒙塔纳等预制装配式酒店。

　　本书所有别墅案例均来自于已建成的别墅，资料齐全，条理清晰，重点突出，极具代表性。可供装配式设计、生产、施工等相关技术人员学习参考。

责任编辑：李　明　李　杰　葛又畅
责任校对：焦　乐

预制装配式建筑施工技术系列丛书
预制装配式别墅图集
远大住宅工业集团股份有限公司　主编
*
中国建筑工业出版社出版、发行（北京海淀三里河路 9 号）
各地新华书店、建筑书店经销
北京红光制版公司制版
大厂回族自治县正兴印务有限公司印刷
*
开本：787×1092 毫米　1/16　印张：18¼　字数：443 千字
2018 年 10 月第一版　　2018 年 10 月第一次印刷
定价：**60.00** 元
ISBN 978-7-112-22458-6
（32329）

主编单位：远大住宅工业集团股份有限公司

编写人员：唐　芬　谭新明　何　磊　王雅明　高　茹

　　　　　张　柳　李融峰　唐　果　段　牟　旷良媛

前　言

随着中央一号文件《中共中央国务院关于实施乡村振兴战略的意见》颁布，建设新农村、实现农业强、农村美、农民富、乡村全面振兴，成为新时代背景下各行业人员重点思考的问题。各地政府也积极响应，使得乡村建设日益推进，乡村特色旅游渐渐成为人们喜爱的休闲度假方式。农村的振兴，带来了农村自建房、旅游区民宿的蓬勃发展。农民对于自建房的外观、舒适度、建造方式、建造时间等有了更高的要求；游客去往农村，也更加倾向于住在舒适、环保、有地方特色的民宿中，因此，探索农村自建房、旅游区民宿的建设和发展十分有意义。作为建筑从业人员，为适应新时代的发展需求，应积极改变传统建筑业"粗放"、高能耗、高污染的建造模式，探索节能、环保、高效的建造方式，优化农村自建房、民宿的设计与施工，积极推进新农村建设。装配式建筑因能更好地满足以上要求，成为新农村建设关注的焦点。2016 年，中共中央国务院《关于进一步加强城市规划建设管理工作的若干意见》（中发〔2016〕6 号）提出，力争用 10 年左右时间，使装配式建筑占新建建筑面积的比例达到 30%，更是为装配式建筑在新农村的发展提供了政策支持。

本书所选别墅，造型美观、功能完善，且均为预制装配式建筑，是对自建房、民宿的积极探索。

本书一共分为 13 章，第 1 章主要对枫丹白露预制装配式别墅进行比较详细的介绍，从方案设计、工厂生产工艺、主体现场施工、装修部件施工几个方面，具体阐述预制装配式别墅从图纸到建筑实体的产生过程，以便于读者对于预制装配式别墅设计、生产、施工的过程进行全面了解。第 2 章至第 13 章，主要通过展示建筑图纸、工艺图纸、部件图纸、照片等方式，介绍了 12 种预制装配式建筑产品，如凡尔赛别墅、美式经典别墅、依云系列别墅、BOX 系列别墅、法式别墅、山姆别墅、维多利亚别墅等。各个别墅之间既存在共性，又存在特性。比如在建造方式上，均是将各个部件在工厂预制，然后运到现场完成组装，即预制装配；各别墅在设计时，具有大致相同的模数和通用节点，以便于在工厂进行生产时，模板具有通用性。在特性方面，每个别墅的风格、造型、意蕴各不相同，都能突出各自的特点，满足不同业主的需求，并且在选取展示图纸时，有意选取每个别墅不同于其他别墅的特殊构件进行展示，比如美式经典别墅的屋架运用整体预制木屋架、法式别墅外窗的设计等。

在国内，预制装配式建筑目前仍属于新生事物，还不能被各界人士广泛接受，外界尤其对其抗震性能存在疑虑。本书第 1 章末附带了枫丹白露别墅抗震试验报告，用数据与事实展现其性能。

本书的特点之一是具有大量翔实图例。用图式表达代替许多文字说明，能帮助读者更好地去理解本书内容。所有的别墅案例均来自于已建成的别墅，资料齐全。在图纸和图片选取时，充分考虑设计以及生产的重点、各别墅的特点，使本书条理清晰、重点突出、具有代表性。

编制本书的目的，是通过对预制装配式别墅的设计、生产、施工、特点等进行客观介绍，使不熟悉装配式建筑的读者对预制装配式建筑具有比较整体的了解；通过本书的介绍，使专业技术人员了解并思考预制装配式建筑的优点和不足，在以后的设计和生产实践中，运用装配式建筑的优点，突破不足，共同探索预制装配式建筑的发展，共同践行绿色建筑在全国的发展之路。

信息共享能使从业人员以小的付出获得大的收益。本书在收集和整理案例过程中，花费了大量的时间和资金，建筑业从业人员若能从本书中得到些许启发，共同促进绿色建筑产业发展，我们的工作和探索便是有价值的。由于时间仓促和能力有限，书中内容必然存在疏漏，若是在阅读过程中发现有不足之处，也恳请读者提出宝贵的意见与建议。最后，在此向参与本书编撰以及对本书内容有所帮助的各级领导、专家表示最诚挚的感谢！

目　　录

第1章　枫丹白露预制装配式别墅

枫丹白露别墅

风　　格：法式
功能规划：四室三厅四卫
层　　数：三层
占地面积：110.09m²
建筑面积：285m²
预 制 率：100%

Fontainebleau Villa

Style: French
Functional planning: four bedrooms, three living rooms and four bathrooms
Storeys: Three
Floor area: 110.09m²
Building area: 285m²
Prefabricated rate: 100%

　　下文将从平面、立面、剖面以及楼梯等构件（图 1-1～图 1-40）对该系列别墅进行详细展示。

1.1 方案设计篇

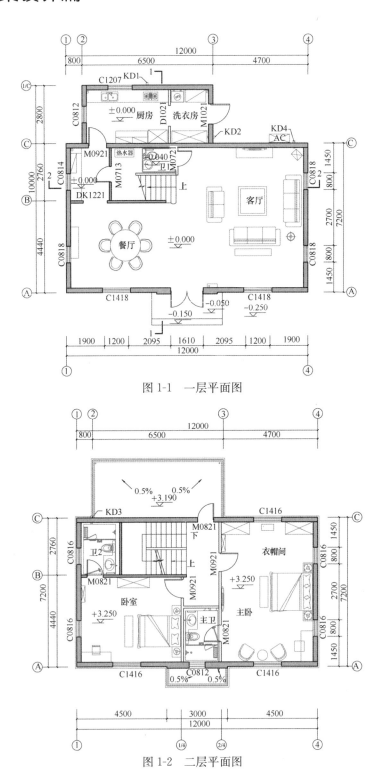

图 1-1 一层平面图

图 1-2 二层平面图

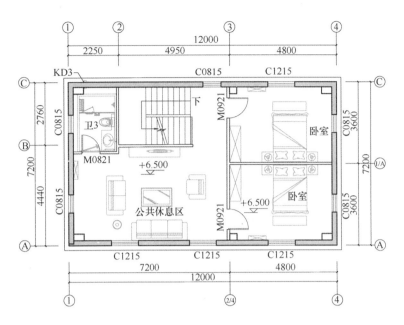

图 1-3 三层平面图

图 1-4 1F

3

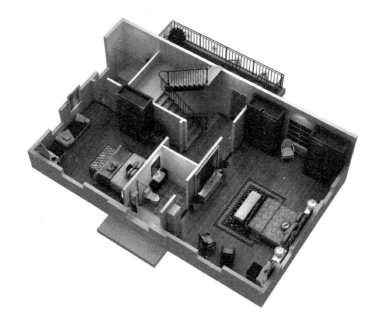

图 1-5　2F

图 1-6　3F

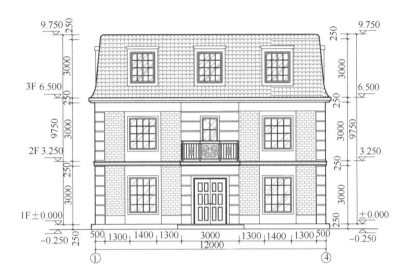

图 1-7　1-4 轴立面图

图 1-8　正面实景

图 1-9 侧面实景

图 1-10 A-1/C 轴立面图

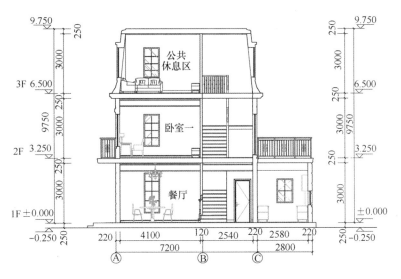

图 1-11　1-1 剖面图

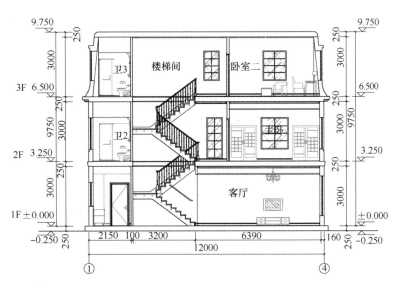

图 1-12　2-2 剖面图

图 1-13　客餐厅

图 1-14　主卧

图 1-15　公共休息区

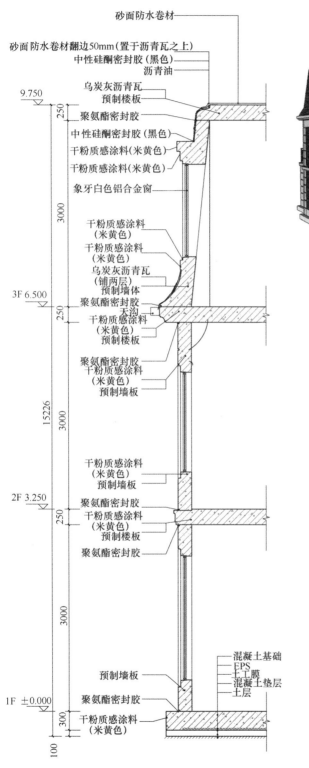

砂面防水卷材

砂面防水卷材翻边50mm(置于沥青瓦之上)
中性硅酮密封胶(黑色)
沥青油
9.750
乌炭灰沥青瓦
预制楼板
250
聚氨酯密封胶
中性硅酮密封胶(黑色)
干粉质感涂料(米黄色)
干粉质感涂料(米黄色)
3000
象牙白色铝合金窗
干粉质感涂料
(米黄色)
干粉质感涂料
(米黄色)
乌炭灰沥青瓦
(铺两层)
预制墙体
3F 6.500
聚氨酯密封胶
250
天沟
干粉质感涂料
(米黄色)
预制楼板
聚氨酯密封胶
干粉质感涂料
(米黄色)
预制墙板
15226
3000
干粉质感涂料
(米黄色)
预制墙板
2F 3.250
聚氨酯密封胶
250
干粉质感涂料
(米黄色)
预制楼板
聚氨酯密封胶
3000
混凝土基础
EPS
土工膜
混凝土垫层
土层
预制墙板
1F ±0.000
聚氨酯密封胶
300
干粉质感涂料
(米黄色)
100

图 1-17 3-3 墙身大样图

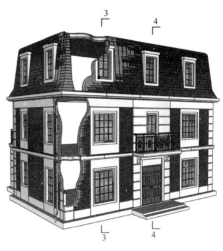

图 1-16 枫丹白露剖切图

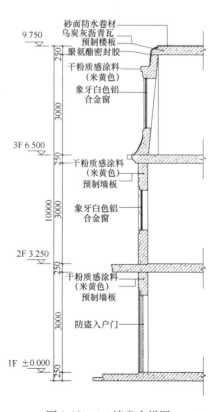

砂面防水卷材
乌炭灰沥青瓦
预制楼板
9.750
聚氨酯密封胶
250
干粉质感涂料
(米黄色)
象牙白色铝
合金窗
3000
3F 6.500
干粉质感涂料
250
(米黄色)
预制墙板
象牙白色铝
合金窗
10000
3000
2F 3.250
250
干粉质感涂料
(米黄色)
预制墙板
3000
防盗入户门
1F ±0.000
250

图 1-18 4-4 墙身大样图

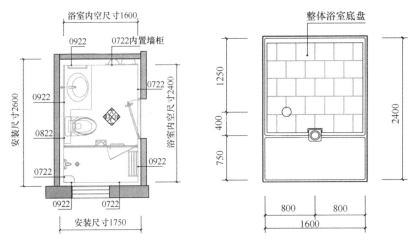

图1-19 主卫 BU1624SCGAL-HP 平面图

图1-20 底盘图

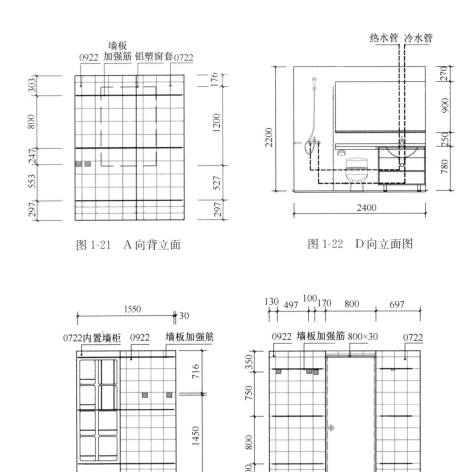

图1-21 A向背立面

图1-22 D向立面图

图1-23 天花详图

图1-24 B向背立面

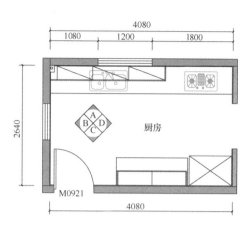

图 1-25 厨房平面图

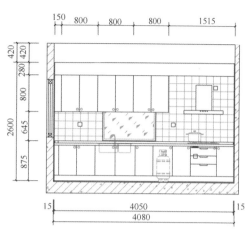

图 1-26 A向立面图（橱柜）

图 1-27 B向立面图（橱柜）

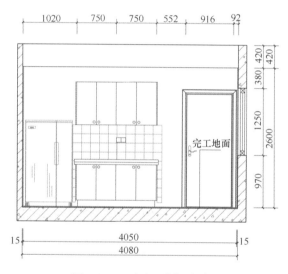

图 1-28 C向立面图（橱柜）

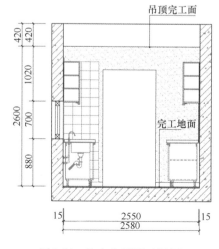

图 1-29 D向立面图（橱柜）

图 1-30 厨房

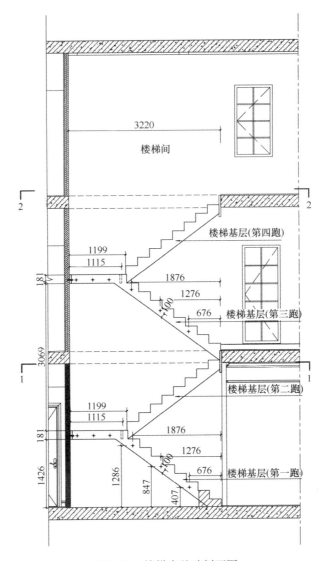

图 1-31　楼梯木基础剖面图

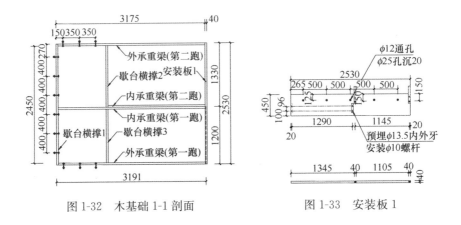

图 1-32　木基础 1-1 剖面　　　　图 1-33　安装板 1

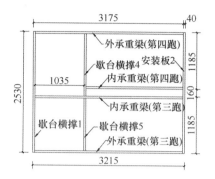

图 1-34　木基础 2-2 剖面

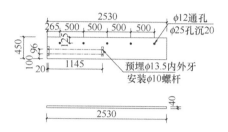

图 1-35　安装板 2

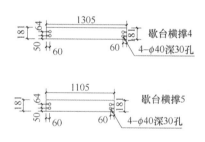

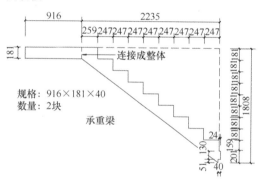

图 1-36　楼梯基础（第三跑）

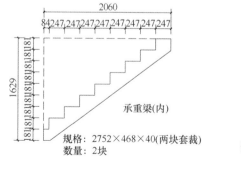

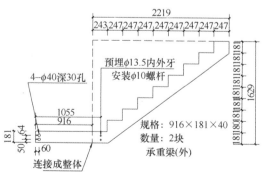

图 1-37　楼梯基础（第二、四跑）

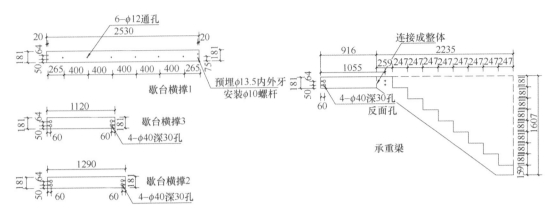

图 1-38　楼梯基础（第一跑）

以上为楼梯基础，不含饰面做法。

图 1-39　楼梯口

图 1-40　楼梯实景

1.2 工艺篇

1.2.1 工艺图纸介绍

下文将从楼板、墙板等构件（图 1-41～图 1-52）对该系列别墅的工艺进行介绍。

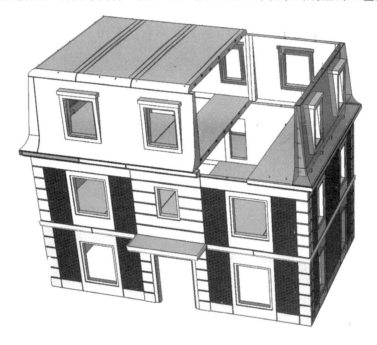

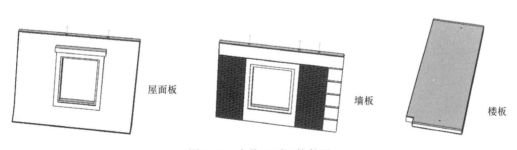

屋面板 墙板 楼板

图 1-41 全装配别墅构件图

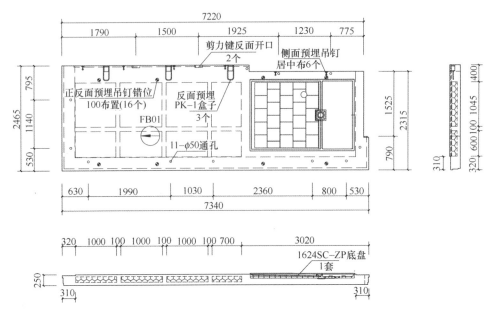

图 1-42 楼板 FB01 模具图、金属件、非金属件预埋图

图 1-43 预制楼板

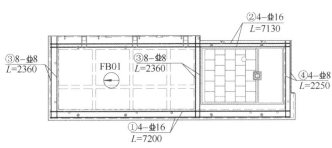

图 1-44 楼板 FB01 配筋图

图 1-45 楼板 FB01 电预埋、水暖预埋图

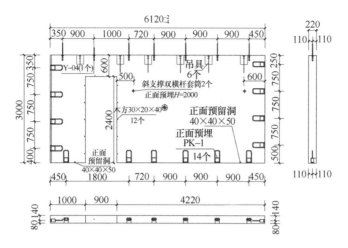

图 1-46 墙板 WV301 模具图、金属件、非金属件预埋图

图 1-47 预制墙板

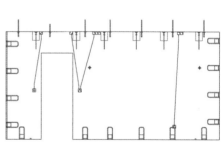

图 1-48 墙板 WV301 电预埋

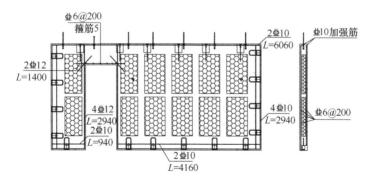

图 1-49 墙板 WV301 配筋及填充布置图

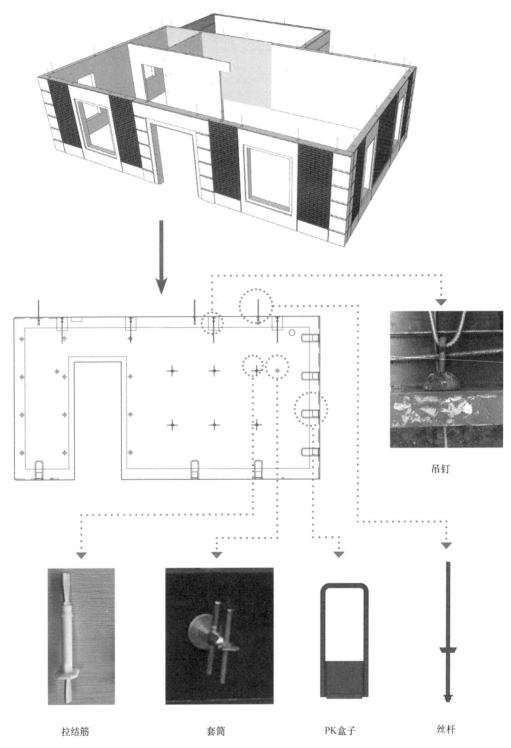

拉结筋   套筒   PK盒子   丝杆

吊钉

图 1-50 墙板预埋构件分布图

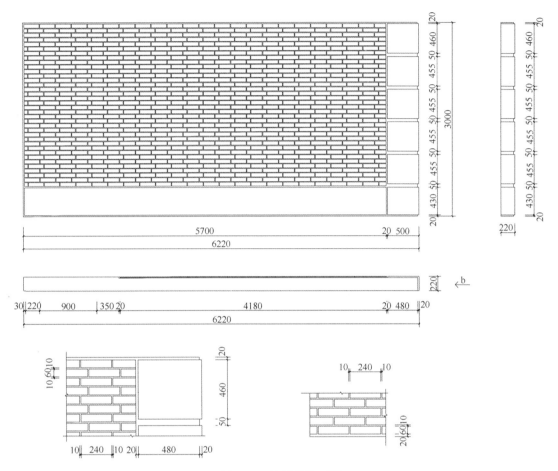

图 1-51 墙板外饰面图

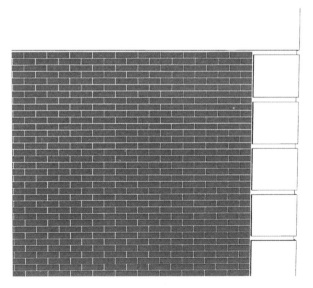

图 1-52 墙板外观图

1.2.2 工艺部件简介

1.2.2.1 保温板

由于建筑外墙结构传热系数的减少会引起建筑能耗的明显降低，所以建筑外墙传热系数的检测具有现实意义，可以直接表示建筑节能效果的好坏。因此，建筑外墙结构传热系数是表示建筑外墙保温性能的重要指标之一。

图 1-53　保温材料

新型建筑工业化积极提倡采用预制带保温外墙板（图 1-53），主要是为了解决现浇或者填充外墙的装饰耐久性、保温性、防火性、密封性差等问题。常用的外墙保温材料有 EPS（模塑聚苯板）和 XPS（挤塑聚苯板）。具有保温隔热性能好、整体性好、不易吸水、价格便宜等优点，还具有可燃、易老化、不能与建筑同寿命等缺点。对于非组合式夹心保温外墙板，保温层在外叶墙与内叶墙之间，能有效地隔绝空气，增强了整体的保温性能、耐久性能、防火性能，克服了保温材料的缺点，真正做到了与建筑同寿命。挤塑聚苯板厚度在 40～60mm 之间满足传热要求。60mm 厚度传热系数小，但其成本较高；40mm 厚传热系数接近极限值，若考虑热桥因素影响将超过限值。因此，优选 50mm 厚保温板作为保温层。

1.2.2.2 保温拉结件

预制混凝土夹心保温外墙板的保护层、保温层和结构层三层材料之间没有相容性，必须使用保温拉结件穿透保温层并锚入两层混凝土之中，使夹心墙形成整体，防止保温脱落（图 1-54）。

保温拉结件一般采用金属材料或复合材料制作。因复合材料强度高、导热系数低、弹性和韧性好，被视为制造保温拉结件的理想材料。其中，GFRP 材料连接件分为 MS 型和 MC 型两个类型。MS 型适用于内、外叶墙一侧板厚小于 63mm 的情况。MC 型适用于内、外叶墙两侧板厚均大于 63mm 的情况。

在应用连接件时，第一步根据内、外叶墙厚选择连接件类型；第二步根据保温厚度选择连接件规格。

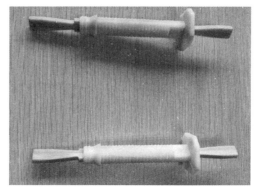

图 1-54　保温拉结件

1.2.2.3　吊件

预制构件一般是通过端部吊点处预埋的吊件来起吊移动。吊件包括吊钉、钢筋吊环等。钢筋吊环通过钢筋与混凝土之间的锚固力承受构件的重量。吊钉通过圆脚把载荷转移到混凝土受力，吊钉愈长，承受的载荷越大，而相对较短的吊钉就能获得较高的允许载荷。即使用在薄墙中，载荷也能有效递到混凝土与钢筋上。由于吊钉是圆脚轴对称形，因此放置吊钉时不需要有特殊的定位。所以生产时，一般采用吊钉（图1-55）。

图1-55　吊钉

在吊装构件时，由于构件自身重量较大，具有较大的安全隐患，需要对吊件的性能进行设计，防止吊件发生拔出或拔断的状况。建议吊装时吊钉扩张角为60°，应避免90°以上的张角，严禁120°以上的张角。

1.2.2.4　预埋套筒

预埋套筒（图1-56）通常使用在门窗洞口加固、斜支撑连接点。

1. 门窗洞口加固用预埋套筒

图1-56　套筒

当门窗洞口过大时，在吊装时，由于构件的自重会使其自身变形，造成内角处混凝土开裂，影响构件外观和质量。为避免这种情况出现，在门窗洞口开口底部预埋内套筒。在吊装前，安装型钢，加固洞口，保证构件的质量。

2. 斜支撑预埋套筒

预制墙板通过吊钉吊装到位后，必须固定牢固后，才能取掉吊钩。预制墙板通常使用可调节长度杆件固定。杆件一端与预制墙板上预埋内套筒连接，另一端与全预制楼板进行可靠连接。

预制墙板无论大小、轻重，只设置两个支撑点。两个支撑点各设置在墙板宽的1/4处，既保证连接杆件受力均匀、构件连接牢固，又节约了材料。预制墙板支撑点高度设置在墙板高的2/3处，斜支撑与叠合板夹角在60°左右，既能保证墙板稳固支撑，也能避免杆件受力过大。

1.2.2.5　水电预埋件

装配式别墅水电预埋部分已在工厂完成。电气开关插座底盒，由垫片固定于台车上（图1-57），楼板预埋钢套筒做对穿孔（图1-58）。

21

图 1-57　水电预埋 86 盒子　　　　　　　图 1-58　水电预埋楼板对穿孔

1.2.3　模具设计

　　PC 建筑模具是一种组合型结构模，依照构件图纸生产要求进行设计制作，使混凝土构件按照规定的位置，几何尺寸成型，保持建筑模具正确位置，并承受建筑模具的自重及作用在其上的构件侧部压力载荷。PC 建筑模具是一种新型模具，从成本角度、生产效率和构件质量等方面考虑，模具设计关系到工业化建筑的成败。别墅本身造型多样，预制装配式别墅要做到质量好、速度快，模具很重要（图 1-59～图 1-62）。

图 1-59　墙板模具　　　　　　　　　　　图 1-60　楼板模具

图 1-61　屋面板模具　　　　　　　　　　图 1-62　异形模具

（1）成本。住宅产业化改变了原有建筑模式，由传统现浇工法改为由专业构件厂加工预制构件，并到现场组装的装配工法。模具的费用对于整个工业化建筑成本而言非常重要，所以设计模具时，在满足使用要求和周期的情况下，应尽量降低成本，别墅造型的多样化，会使模具成本变高，现场外装饰成本变低，施工效率变高。

（2）使用寿命。模具的使用寿命将直接影响构件的制造成本，所以在模具设计时就要考虑到给模具赋予一个合理的刚度，增加模具周转次数。这样就可以保证在某个项目中不会因为模具刚度不够导致二次追加模具或增加模具维修费用。

（3）质量。构件品质和尺寸精度不仅取决于材料性能，成型效果还依赖于模具的质量。特别是随着模具周转次数的增大，这种影响将体现得更为明显。

（4）通用性。模具设计还要考虑如何实现模具的通用性，也就是提高模具重复利用率，一套模具在成本适当的情况下尽可能地满足"一模多制作"。

（5）效率。生产效率对于构件厂而言，是直接影响预制构件制造成本的关键因素，生产效率高，预制构件成本就低，反之亦成立。影响生产效率的因素很多，模具设计合理与否是其中很关键的一个因素。在生产过程中，对生产效率影响最大的工序是拆模、组模以及预埋件安装，其中就有两道工序涉及构件模具。

（6）方便生产。模具最终是为构件厂生产服务，所以模具设计人员一定要懂得构件生产工艺，不然虽可以很好地实现模具刚度、尺寸，但不一定能符合构件生产工艺。

（7）方便运输。这里所说的运输是指在车间内部完成，在自动化生产线上模具是跟着工序动的，所以就涉及模具运输问题。不影响使用周期的情况下，进行轻量化设计既可以降低成本又可以提高作业效率。

（8）三维软件设计。PC构件模具的制作由于构件造型复杂，采用三维软件进行设计，使整套模具设计体系更加直观化、精准化，可直接对应构件建模进行检查纠错。

1.2.4 生产工艺

1.2.4.1 别墅预制板生产流程

别墅的楼板、墙板、屋面板是构成别墅的主要预制PC构件。

枫丹白露别墅PC构件生产制造工艺标准流程为：装模—底层钢筋安装—底层预留预埋—底层浇捣—放置轻质材料—面层钢筋安装—正面预留预埋—面层浇筑—后处理—养护—拆模—脱模起吊—修整。

1. 装模

装模的具体流程为：清理模板侧挡边及台车面—安装模具侧挡边、上挡边及门洞挡边—安装装饰线条—打脱模剂。

（1）清理模板侧挡边及台车面

用铲子清理模具挡边、装饰线条、窗台内挡边、台车面上的混凝土渣，用扫把把台车面的混凝土渣等杂物清扫干净（图1-63、图1-64）。

清模有以下注意事项：

1）上岗前穿戴好工作服、工作鞋、工作手套和安全帽及相应工作工具。

图 1-63　清理模具挡边　　　　　　　　　图 1-64　清理钢台车

2）用刮板将模具残留混凝土和其他杂物清理干净，然后用角磨机将模板表面打磨干净。

3）内、外页墙侧模基准面的上下边缘必须清理干净。

4）所有模具工装全部清理干净，无残留混凝土。

5）所有模具的油漆区部分要清理干净，要经常涂油保养。

6）混凝土残灰要及时收集到垃圾桶内。

7）工具使用后清理干净，整齐放入指定工具箱内。

8）及时清扫作业区域，垃圾放入垃圾桶内。

9）模具清理完成后，不立即使用的必须整齐、规范堆放到固定位置。如遇特殊情况（如模具破损、模具腐蚀等）应及时处理。

（2）安装模具侧挡边、上挡边及门洞挡边

将模具的上挡边、左右挡边分别卡入到限位块中，用压铁固定好（图 1-65～图1-69）。

图 1-65　安装上挡边　　　　　　　　　图 1-66　安装下挡边

图 1-67　安装窗洞门洞挡边　　　　　　图 1-68　门洞窗角固定

（3）安装装饰线条

将装饰线条橡胶定位槽卡入台车上的平键中，把装饰线条压平、压实，与侧挡边装饰线条处接缝平整，无明显断差。重复上述步骤，安装其余线条（图1-70）。

图 1-69 压铁固定

图 1-70 安装装饰线条

（4）打脱模剂

型材内侧边、台车面、装饰线条处、转角处均匀涂抹脱模剂，不能积液。保持涂抹方向一致（图1-71、图1-72）。

图 1-71 大面积涂脱模剂方式

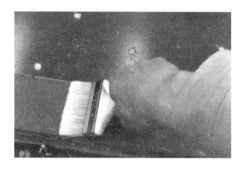

图 1-72 局部涂脱模剂方式

涂刷脱模剂有以下注意事项：

1）涂刷脱模剂前保证底模干净，无浮灰。

2）脱模剂宜采用水性脱模剂，用干净抹布蘸取脱模剂，拧至不自然下滴为宜，均匀涂抹在底模以及窗模和门模上，保证无漏涂。

3）抹布或海绵及时清洗，清洗后放到指定盛放位置，保证抹布及脱模剂干净无污染。

4）涂刷脱模剂后，底模表面不允许有明显痕迹。

5）工具使用后清理干净，整齐放入指定工具箱内。

6）及时清扫作业区域，垃圾放入垃圾桶内。

整个装模步骤总结注意事项如下：

a. 装模前检查清模是否到位，如发现模具清理不干净，不允许组模。

b. 组模时仔细检查模具是否有损坏、缺件现象，损坏、缺件的模具应及时修理或更换。

c. 侧模、门模和窗模对号拼装，不可漏放螺栓和各种零件。组模前仔细检查单面胶条，及时局部或整体替换坏的胶条，单面胶条应平直，无间断，无褶皱。

d. 各部位螺栓拧紧，模具拼接部位不得有间隙。

e. 安装磁盒用橡胶锤，严禁使用铁锤或其他重物打击。

f. 窗模内固定磁盒至少放 4 个，确保磁盒按钮按实，磁盒与底模完全接触，磁盒表面保持干净。

g. 模具组装完成后应立即检查，组模长、宽误差-2～1mm，对角线小于 3mm，厚度小于 2mm。

h. 工具使用后清理干净，整齐放入工具箱。及时清扫作业区域。

2. 底层钢筋安装

（1）底层钢筋安装的具体流程为：放置整张网片筋—裁剪网片筋—布加强筋及抗裂筋—布马凳。

1）放置整张网片筋

放置整张网片筋是指将确定好直径和间距的网片筋放入到模具中，调整位置，保证网片距离模具挡边距离在 25～35mm 之间（图 1-73）。

2）裁剪网片筋

裁剪网片筋是指将门窗洞周边的网片筋剪掉，保证网片距离模具挡边距离在 25～35mm 之间。放置过程中需注意防止跌落（图 1-74）。

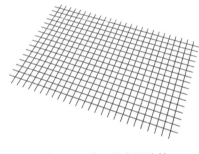
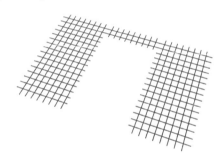

图 1-73　放置整张网片筋　　　　　图 1-74　裁剪网片筋

3）布加强筋及抗裂筋

在网片筋下面放置加强筋，在门洞转角处放置抗裂筋，并用扎丝绑扎好（图 1-75、图 1-76）。

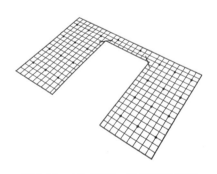
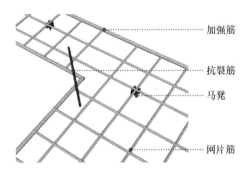

图 1-75　布加强筋、抗裂筋及马凳　　　图 1-76　钢筋布置详图

4）布马凳

在装饰线条处，钢筋底部垫上马凳（图 1-77、图 1-78）。

图 1-77　马凳

图 1-78　底层布筋完成图

（2）钢筋在预制板中起着非常重要的作用，其制作主要包括两个作业分项：钢筋加工制作和钢筋绑扎。

钢筋因弯曲或弯钩会使其长度变化，在配料中不能直接根据图纸中尺寸下料；必须了解混凝土保护层、钢筋弯曲、弯钩等相关规定，再根据图纸中尺寸计算其下料长度，核对图纸下料尺寸及数量无误后开始下单加工。

1）钢筋加工制作

钢筋加工制作主要包括钢筋除锈、钢筋调直、钢筋切断、钢筋弯曲成型几个步骤。

钢筋除锈是指钢筋的表面应洁净。油渍、漆污和用锤敲击时能剥落的浮皮、铁锈等应在使用前清除干净。在焊接前，焊点处的水锈应清除干净（图 1-79、图 1-80）。

图 1-79　钢筋除锈

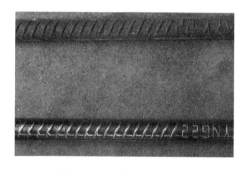

图 1-80　钢筋除锈对比图

钢筋调直就是利用钢筋调直机通过拉力将弯曲的钢筋拉直，以便于加工。采用钢筋调直机调直冷拔钢丝和细钢筋时，要根据钢筋的直径选用调直模和传送压辊，并要正确掌握调直模的偏移量和压辊的压紧程度。调直筒两端的调直模一定要在调直前后导孔的轴心线上，这是钢筋能否调直的一个关键（图 1-81）。

钢筋切断是将钢筋剪断（图 1-82）。钢筋切断的注意事项包括：第一，将同规格钢筋根据不同长度长短搭配，统筹排料，一般应先断长料，后断短料，减少短头，减少损耗。第二，断料时应避免用短尺量长料，防止在量料中产生累计误差。为此，宜在工作台上标出尺寸刻度线并设置控制断料尺寸用的挡板。第三，在切断过程中，如发现钢筋有劈裂、缩头或严重的弯头等必须切除；如发现钢筋的硬度与该钢种有较大的出入，应及时向有关人员反映，查明情况。第四，钢筋的断口，不得有马蹄形或起弯等现象。

钢筋弯曲成型分为受力钢筋和箍筋。

图 1-81 钢筋调直机

图 1-82 钢筋切断机

① 受力钢筋

HRB235 级钢筋末端应作 180°弯钩，其弯弧内直径不应小于钢筋直径的 2.5 倍，弯钩的弯后平直部分长度不应小于钢筋直径的 3 倍；当设计要求钢筋末端需作 135°弯钩时，HRB335 级、HRB400 级钢筋的弯弧内直径 D 不应小于钢筋直径的 4 倍，弯钩的弯后平直部分长度应符合设计要求；当钢筋作不大于 90°的弯折时，弯折处的弯弧内直径不应小于钢筋直径的 5 倍（图 1-83）。

② 箍筋

除焊接封闭环式箍筋外，箍筋（图 1-84）的末端应做弯钩。弯钩形式应符合设计要求；当设计无具体要求时，应符合下列规定：

图 1-83 钢筋弯曲成型

图 1-84 箍筋

箍筋弯钩的弯弧内直径除应满足以上规定外，还应不小于受力钢筋的直径；

箍筋弯钩的弯折角度：对一般结构，不应小于 90°；对有抗震等要求的结构应为 135°。

箍筋弯后的平直部分长度：对一般结构，不宜小于箍筋直径的 5 倍；对有抗震等要求的结构，不应小于箍筋直径的 10 倍和 75mm 的较大值。

2) 钢筋绑扎

钢筋绑扎是对钢筋结构进行编扎。钢筋绑扎（图 1-85）注意事项如下：

① 按照生产计划拿取对应的钢筋，确保钢筋的规格、型号、数量正确。

② 移动转运长钢筋时，起落、转、停和走行要一致，以防扭腰砸脚。

③ 绑扎前对钢筋质量进行检查，确保钢筋表面无锈蚀、污垢。

④ 绑扎基础钢筋时，按照规定摆放钢筋支架与马凳，不得任意减少架子工装。

⑤ 严格按照图纸进行绑扎，严格保证外露钢筋的外露尺寸，保证箍筋及主筋间距，

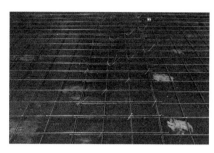

图 1-85　钢筋绑扎

所有尺寸误差不得超过±5mm，严禁私自改动钢筋笼结构。

⑥ 用两根绑线绑扎连接处且绑扎点不少于两处，相邻两个绑扎点的绑扎方向相反。

⑦ 拉筋绑扎应严格按图施工，拉筋勾在受力主筋上，不准漏放，135°钩靠下，直角钩靠上，待绑扎完成后，再手工将直角钩弯成135°。

⑧ 钢筋垫块严禁漏放、少放，确保混凝土保护层厚度。

⑨ 成品钢筋笼挂牌后按照型号存入成品区。工具使用后清理干净，整齐放入指定工具箱内。及时清扫作业区域，垃圾放入垃圾桶内。

3. 底层预留预埋

底层预留预埋的具体流程为：预埋PK盒—预埋吊钉—水电预埋。

（1）预埋PK盒

按照图纸要求安装PK盒子，位置尺寸偏差控制在2mm内，PK盒保持贯通到PC板表面，要求固定良好，不松动（图1-86）。

（2）预埋吊钉

先把吊钉卡入到波胶相应的槽中，然后把波胶组件上的螺栓穿过上挡边相应的孔中，并拧紧。然后吊钉加强钢筋穿过吊钉孔，并用扎丝扎在底层网片上；注意吊钉不能漏埋（图1-87）。

图 1-86　预埋PK盒　　　　　　　　图 1-87　预埋吊钉

（3）水电预埋

在预制板中，需要将板内的电盒、线管、水暖管等的位置进行预埋（图1-88、图1-89）。

总之，在预制板中进行预埋非常重要，对预埋件的位置要求精准，质量要求良好。

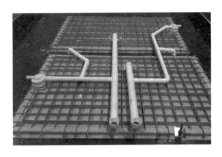

图 1-88　水暖预埋　　　　　　　　　　　图 1-89　电预埋

预埋件安装注意事项如下：

1）根据墙体尺寸合理组合搭接使用预埋线管，严禁过度浪费整根线管。

2）依生产计划需要，提前预备所需预埋件，严禁因备料影响生产线进度。

3）安装埋件之前对所有工装和埋件固定器进行检查，如有损坏、变形现象禁止使用。

4）安装埋件时，禁止直接踩踏钢筋笼，个别部位可以搭跳板，作业人员可以踩在跳板上，以防工作人员被钢筋扎伤或钢筋笼凹陷。

5）埋件固定器上均匀涂刷脱模油后，按图纸要求固定在模具底模上，确保预埋件与底模垂直、连接牢固。

6）所有预埋内螺纹套筒都需按图纸要求穿钢筋，钢筋外露尺寸要一致，内螺纹套筒上的钢筋要固定在钢筋笼上。

7）安装电器盒时首先用埋件固定器将电器盒固定在底模上，再将电器盒与线管连接好，电器盒多余孔用胶带堵上，以免漏浆。电器盒上表面要与混凝土上表面平齐，线管绑扎在内页墙钢筋骨架上，用胶带把所有埋件上口封堵严实，以免进浆。

8）安装套筒时套筒与底边模板垂直，套筒端头与模板之间无间隙。

9）跟踪浇筑完成的构件，可拆除的预埋件（小磁吸等）必须及时拆除。

10）工具使用后清理干净，整齐放入指定工具箱内。及时清扫作业区域，垃圾放入垃圾桶内。如遇特殊情况（如个别埋件位置尺寸偏差过大等）及时向施工员说明情况，等待处理。

4. 底层浇捣

操作布料机，对模具底层范围进行布料；需要放置轻质材料的底层混凝土要控制深度，混凝土流动性要稍微大一点。振动、振实（图 1-90、图 1-91）。

图 1-90　布底层混凝土　　　　　　　　　图 1-91　振捣

混凝土浇筑、振捣注意事项：

（1）按规范要求的程序落混凝土，每层混凝土不可超过 450mm。

（2）振捣时快插慢拔，先大面后小面；振点间距不超过 300mm，且不得靠近洗水面模具。

（3）振捣混凝土时限应以混凝土内无气泡冒出为准。

（4）不可用力振混凝土，以免混凝土分层离析，如混凝土内已无气泡冒出，应立即停振该位置的混凝土。

（5）振捣混凝土时，应避免钢筋、模具等振松。

5. 放置轻质材料

按图纸要求摆放轻质材料，将其压实，聚苯板底部需要填实混凝土砂浆（图 1-92）。

6. 面层钢筋安装

面层钢筋安装流程与底层钢筋安装流程一样，即：放置钢筋网片—裁剪钢筋网片—布加强筋及抗裂筋—布马凳（图 1-93）。

图 1-92　放置轻质材料

图 1-93　面层钢筋安装

7. 正面预留预埋

正面预留预埋与底层预留预埋类似，对线盒、水电进行预埋。

8. 面层浇筑

面层浇筑与底层浇筑类似，操作布料机，对模具面层范围进行布料，布料厚度平模板，然后振动、振实。此次浇捣需要等到第一次浇捣的混凝土初步凝固后方能进行再次浇捣，振实时要注意聚苯板上浮。

9. 后处理

后处理的具体流程为：擀面—斜支撑套筒预埋—第一次收面—第二次收面—表观处理。

（1）擀面

先用型材把面擀平，料多的部分用铁锹转移到低的部分；料不够，需要用泥桶到振动台处接料加到此处；用型材再次检测平整度；最后清理干净周边混凝土渣（图 1-94）。

（2）斜支撑套筒预埋

先用尺子量出尺寸，然后对着尺寸把套筒手埋进去。注意套筒口不能进浆或者歪斜（图 1-95）。

（3）第一次收面

在混凝土初凝前完成，用木抹子把外露的骨料抹去，保证 PC 板上层有一层水泥浆；用铁抹子把气泡都抹平，完成第一次收面（图 1-96）。

（4）第二次收面

在混凝土表面初步凝固后，用铁抹子把面抹平，进行第二次收光，直至达到相应的粗糙度（图 1-97）。

图 1-94 搓面

图 1-95 斜支撑套筒预埋

图 1-96 第一次收面

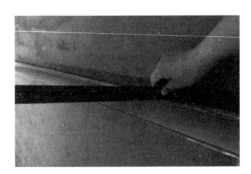

图 1-97 第二次收面

（5）表观处理

用长铁抹子从模具的一头往另外一头抹，使抹子印、纹路朝一个方向（图 1-98、图 1-99）。

图 1-98 表观处理

图 1-99 抹光方向

10. 养护

确认台车编号、模具型号、入窑时间，并指定入窑位置后做好记录；养护时要按规定的时间周期检查养护系统测试的窑内温度、湿度，并做好检查；按生产指令要求选择需要出窑的台车（图 1-100～图 1-103）。

图 1-100　进窑前

图 1-101　进窑

图 1-102　养护

图 1-103　出窑

11. 拆模

拆模的具体流程为：拆压铁—拆 PK 盒的固定螺栓及伸出丝杆固定螺母—拆上挡边、左右挡边—拆内模挡边—测试混凝土强度。如图 1-104、图 1-105 所示。

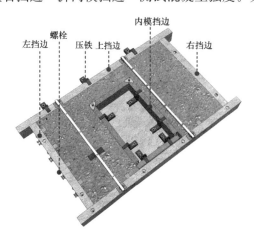
图 1-104　拆模组件图

图 1-105　测试混凝土强度

模具拆卸注意事项如下：

（1）模板拆除时混凝土强度应符合设计要求；当设计无要求时，应符合现行国家标准《混凝土结构工程施工质量验收规范》GB 50204—2015 的要求。

（2）脱模时，应能保证混凝土预制构件表面及棱角不受损伤。

（3）模板吊离模位时，模板和混凝土结构之间的连接应全部拆除，移动模板时不得碰撞构件。

（4）模板的拆除顺序应按模板设计施工方案进行。

（5）模板拆除后，应及时清理板面，并涂刷脱模剂；对变形部位，应及时修复。

12. 脱模起吊

脱模起吊的具体流程为：挂吊具—脱模起吊—清理泡沫、混凝土渣，检测—按喷漆要求存放。

（1）挂吊具

先把扁担吊具挂到行车挂钩上，把起吊的 PC 板的吊钉完全卡入吊扣中，把枕木垫到模具下挡边与翻转台的支撑边，填实无松动（图1-106）。

（2）脱模起吊

翻转翻转台，确认翻转台的扣机完全把台车上边扣住，启动台车缓慢脱模。然后清理装饰线条橡胶，把台车放平，模具归位，流转到下一个工位（图1-107）。

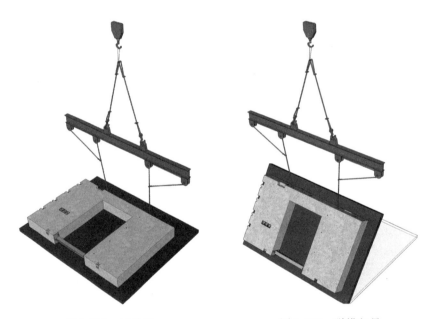

图 1-106　挂吊具　　　　　　　　图 1-107　脱模起吊

（3）清理泡沫、混凝土渣，检测

清理预埋孔洞用的泡沫、混凝土渣，检测外形尺寸是否符合要求；对照图纸检测 PK 盒、伸出丝杆位置尺寸是否符合要求；符合要求的贴产品标签与合格证，移送到合格区域存放；不合格的贴不合格标签，放不良品区域待修（图1-108、图1-109）。

（4）按喷漆要求存放

把合格的 PC 板调到存放区，把喷漆的一面靠内摆放，用存放架的销子把 PC 板固定，最后取脱吊具，完成吊装（图1-110、图1-111）。

图 1-108 清理

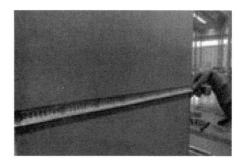
图 1-109 检测

图 1-110 吊运

图 1-111 按喷漆要求存放

13. 修整

根据品质要求,把需要切割打磨的地方进行修整。需要修整的地方先湿水,再用抗裂柔性砂浆把崩角少边的地方补齐。

1.2.4.2 铝合金门窗安装图解

1. 铝合金窗各主要组成部分

如图 1-112 所示。

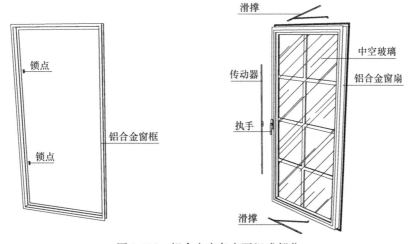

图 1-112 铝合金窗各主要组成部分

2. 安装工具

靠尺（或红外线水准仪）、小刷、射钉枪、射弹、射钉，橡皮锤、发泡枪、发泡剂、密封胶枪、密封胶、小铲、手电钻、自攻螺钉、各五金件、卷尺。

3. 安装步骤

（1）清理洞口，确定窗框安装位置

注意事项：
1）用小刷将窗洞口清理干净。
2）用红外线水准仪或靠尺确认窗框安装线。
3）保证窗框内侧距洞口内边线距离。如图1-113所示。
工具：靠尺（或红外线水准仪）、小刷。

说明：3楼老虎窗a=130mm；
2楼主卫窗a=170mm；
其他窗a=90mm。

图 1-113 确定位置

（2）固定窗框

注意事项：
1）窗框距洞口的缝隙宽度为5mm。
2）固定铁片的尺寸为120mm×15mm，1mm厚。距窗角不超过200mm，间距不超过500mm。
3）用射钉枪将固定铁片固定在洞口上。
4）保证窗框安装横平竖直。如图1-114所示。
工具：靠尺、射钉枪、射弹、射钉，橡皮锤。

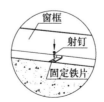

图 1-114 固定窗框

（3）镶缝填槽、打外墙胶

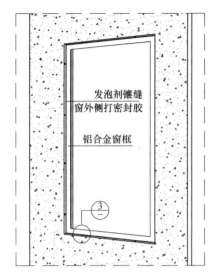

注意事项：
1）用发泡胶填塞窗框与洞口之间的缝隙，边缘平整。
2）在窗外侧四周打约10mm的中性硅酮密封胶。如图1-115所示。
工具：发泡枪、发泡剂、密封胶枪、密封胶、小铲。

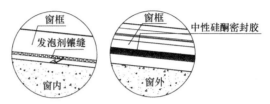

图 1-115　打外墙胶

（4）安装窗扇及五金件

注意事项：
1）安装铰链，将窗扇固定在窗框上，窗扇外沿
　　盖住窗框约7mm。如图1-116所示。
2）安装执手，用M4.2×12沉头自攻不锈钢螺钉。
3）检验窗户安装质量，窗扇开启时候灵活。
工具：手电钻、自攻螺钉、各五金件、卷尺。

图 1-116　安装窗扇及五金件

4. 铝合金窗组装剖面图

如图 1-117～图 1-119 所示。

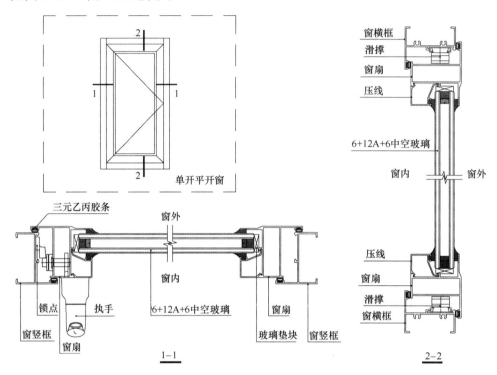

图 1-117 铝合金窗组装剖面（1）

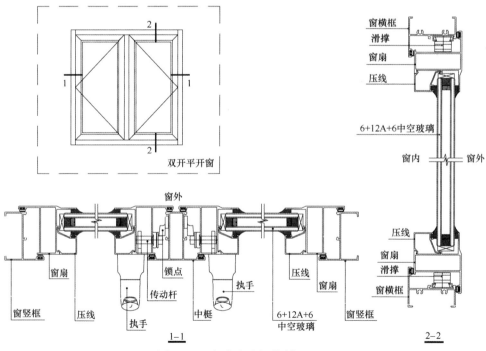

图 1-118 铝合金窗组装剖面（2）

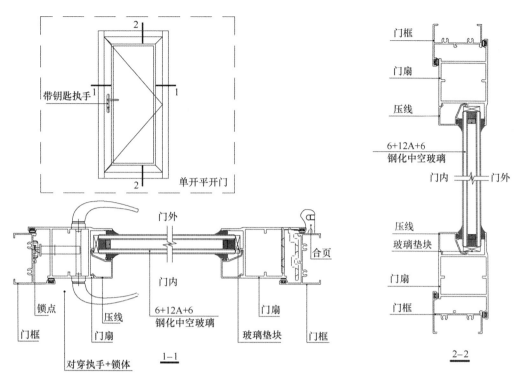

图 1-119 铝合金窗组装剖面（3）

1.2.4.3 真石漆安装图解

1. 安装工具

空压机及配套的管线接头、漏斗喷枪、喷枪、角磨机、钢丝刷、抹子（刮板）、开刀、盒尺、线包（墨斗）、毛辊、刷子、简便水平器、粗细砂纸等。

2. 施工流程

墙面基层处理—局部不平整处刮（抹）涂外墙腻子—滚涂环保装饰底漆 1 遍—喷涂真石漆 1 遍。

3. 施工步骤

（1）墙面基层处理

基层处理前应彻底清除疏松、起皮、空鼓、粉化的基层，去除浮灰、油污等污染物。

（2）局部批涂外墙腻子

局部不平整及有气泡的地方需批涂外墙腻子，完毕后对局部适当打磨修整（25℃，干燥 4～6h），打磨完毕后清除浮灰，腻子需要充分干燥固化后方可进行下一道工序的施工。如图 1-120 所示。

（3）粘贴美纹纸

待环保装饰底漆完全干燥后，在墙板与墙板、楼板与墙板缝隙交界处沿线粘贴美纹纸以防止喷涂真石漆时污染外墙防水胶。如图 1-121 所示。

图 1-120　局部批涂外墙腻子

图 1-121　粘贴美纹纸

（4）滚涂环保装饰底漆

待腻子层充分干燥固化后，滚涂环保装饰底漆一遍，要求涂刷均匀，绝不可有漏涂现象。环保装饰底漆的颜色要和真石漆的颜色接近，以防止真石漆透底出现发花现象。

（5）不施工部位成品保护

在施工中，用塑料薄膜将不施工部位及铝合金窗户、入户门遮盖保护，防止喷涂时污染不施工部分。如图 1-122 所示。

（6）喷涂真石漆

真石漆一般不需加水，必要时可少量加水调节，但喷涂时应根据装饰效果的要求，注意控制产品施工黏度、气压、喷嘴直径（4～8mm）、间距（喷枪与墙面垂直距离应保持 30～50cm）等应保持一致。真石漆的施工难度比较大，如果控制不

图 1-122　不施工部位
成品保护

好，漆膜容易产生局部发花现象。因此真石漆喷涂时，注意出枪和收枪不要在施工墙面上完成；而且喷枪移动的速度要均匀；喷涂时下一枪压上一枪 1/3 的幅度，依此类推，且搭接的宽度要保持一致；保持漆膜薄厚均匀。待真石漆施涂完毕后立即趁湿撕去美纹纸（图 1-123）。

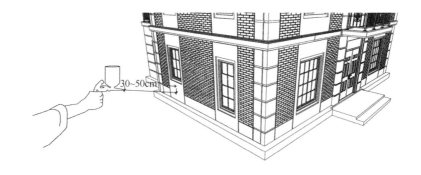
图 1-123　喷涂真石漆

（7）质量检验标准

1）饰面不允许出现掉粉、起皮等现象；

2）饰面不得有返碱、咬色等现象；

3）饰面不得出现漏涂、透底等现象；

4）饰面斑点的疏密要均匀。在 1m 之内，正视、斜视喷点均匀，不允许连片；

5）饰面颜色要均匀一致；

6）涂饰时要保证周围的门窗、玻璃、灯具等的清洁。

1.2.4.4 典型构件制作介绍

建筑保温与结构及外墙面装饰一体化技术，即墙体结构与保温材料形成复合保温墙体与外墙面装饰一次成型，从而实现建筑结构、节能、装饰三合一的工作目标。

1. 工艺介绍

结构保温装饰一体化外墙，由装饰层、外叶墙、保温层、内叶墙 4 层构造组成，其中内叶墙和外叶墙一般为钢筋混凝土材质，保温层通常为挤塑聚苯绝热板（XPS），外装饰层通常为瓷砖、石材、雕刻饰面等，内外页层之间通过纤维复合材料特制的保温拉接件复合在一起，装饰层借助瓷砖和石材反打技术、特制模具印刻技术的预制混凝土外墙板（图1-124）。

图 1-124　结构保温装饰一体化外墙外饰面

2. 工艺流程

以砖外饰墙板为例，对反打砖工艺流程做出说明。其工艺流程为：装模—铺砖—铺底层钢筋—预留预埋—底层浇捣—放置轻质材料—铺面层钢筋—面层浇筑—后处理—养护—拆模—脱模起吊。

铺砖过程较为特殊，采用反打技术。其余流程与前文介绍的标准流程一致。以下对铺砖过程进行图解说明（图1-125～图1-136）。

图 1-125 对砖模进行修剪

图 1-126 在模具中铺贴砖模

图 1-127 在砖模中放入 PK 砖

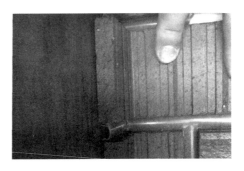

图 1-128 PK 砖拐角处理

图 1-129 浇筑混凝土外叶

图 1-130 放入轻质材料

图 1-131 浇筑混凝土内叶

图 1-132 后处理

图 1-133　养护

图 1-134　脱模起吊

图 1-135　去除砖模

图 1-136　形成砖纹理

1.3　施工篇

1.3.1　基础施工

1.3.1.1　施工前工具准备

水准仪、塔尺、卷尺（50m、5m）、墨斗墨汁、灰线、石灰、铅笔、记号笔、油漆、美工刀、夯机、线坠、铲子、抹子、锤子、钉子、扎勾、振动棒、安全帽、热熔器等，具体见表1-1。

施工前工具准备　　　　　　　　　　　　　　　　　　　　　表 1-1

	名称：水准仪、塔尺 数量：1 台 备注：测量放线定位		名称：卷尺 5m、50m 数量：2 把 备注：用于测量放线

名称：墨汁、油性笔 数量：1套 备注：弹直线做记号	名称：夯机 数量：1台 备注：夯实土层用
名称：电锤 数量：1台 备注：钻孔洞	名称：振动棒 数量：1台 备注：振捣混凝土用
名称：铲子、抹子 数量：各2把 备注：混凝土细致处	名称：锤子、钉子 数量：4把 备注：支模板用
名称：热熔器 数量：1套 备注：给水管道预埋	名称：美工刀、胶带 数量：4套 备注：铺贴土工膜及保温板用
名称：扎勾 数量：4把 备注：绑扎钢筋用	

1.3.1.2 基础施工流程

1. 基础开挖验槽

工具：水准仪、塔尺、夯机。

施工流程：开挖—标高控制—整平—夯实。

施工要点：

（1）根据已知的高程点测量控制好基础的标高。

（2）挖机开挖过程中需要用水准仪、塔尺随时对开挖进行标高测量。

（3）基础开挖完成后要进行标高复测及夯实，保证承载力不小于100kPa（图1-137）。

2. 水电预埋

工具：锯子、热熔器、卷尺。

辅料：胶水、透明胶。

施工流程：沟槽开挖—材料准备—铺设—找坡—回填。

施工要点：

（1）首先需把木桩上的定位点连接成轴线。

（2）根据轴线定位出所需要预埋的位置，并用水准仪塔尺控制好预埋深度。

（3）排水管在预埋时需做至少1‰的找坡。

（4）所有预埋出完成面的高度需要满足200mm，上口应用透明胶封住防止堵塞异物（图1-138）。

图1-137 基础开挖验槽　　　　　　　　图1-138 水电预埋

3. 垫层浇筑

工具：斗车、铲子、抹子。

施工流程：拌料—浇筑—整平。

施工要点：

（1）垫层在浇筑时应用水准仪、塔尺控制好高度。

（2）垫层浇筑的厚度要满足100mm（图1-139）。

4. 铺设土工膜、EPS

工具：美工刀、胶带。

施工流程：铺设—裁剪—胶带连接。

施工要点：

（1）土工膜铺设时要求塑料面在上。

（2）基础需铺设两道聚乙烯土工膜，搭接长度不小于100mm，错位搭接，整个基础满铺。

（3）有预埋水管的位置土工膜需要用胶带缠起来。

（4）室内范围需铺EPS保温板，墙板及外围不用铺设（图1-140）。

图 1-139　垫层浇筑　　　　　　　　　　图 1-140　铺设土工膜、EPS

5. 钢筋绑扎、支模

工具：扎勾、锤子。

辅料：扎丝、木钉、木桩。

施工流程：放线定位—钢筋绑扎—放置垫块、马凳筋—支模加固。

施工要点：

（1）将基础垫层清扫干净，用记号笔和墨斗在上面弹放钢筋位置线。

（2）根据图纸按要求绑扎钢筋，调好间距放好垫块保证钢筋的保护层厚度。

（3）待板钢筋绑扎完成后应放置马凳筋，要求每平方米一个。

（4）支模时，要求模板牢固平直保证混凝土浇筑时不变形不跑模。

（5）支模完成后应用水准仪、塔尺测出混凝土完成面的标高（图 1-141）。

6. 混凝土浇筑

工具：振动棒、铲子、抹子。

施工要点：

（1）按图纸要求混凝土标号（C30）进行浇筑。

（2）混凝土使用振动棒振捣时应采取"快插慢拔"的方法，保证混凝土振捣密实（图 1-142）。

图 1-141　钢筋绑扎、支模　　　　　　　　图 1-142　混凝土浇筑

（3）出现跑模、爆模情况应及时进行加固处理。

（4）混凝土在浇筑时应用水准仪、塔尺随时控制好标高，保证平整度。

7. 养护

混凝土完成初凝后就进行养护。

（1）夏季混凝土应连续养护，养护期内始终使混凝土表面保持湿润。

（2）当日平均气温低于 5 度，不得浇水养护。

（3）冬季混凝土浇筑完成要进行薄膜覆盖，防止开裂。

（4）混凝土的养护时间一般不少于 7 天，温度较低的天气，不应少于 14 天。

8. 植筋

工具：电锤、抹子、气泵。

施工要点：

（1）施工流程：弹线定位—钻孔—洗孔—钢筋处理—注胶—植筋—固化。

（2）钻头直径应比钢筋直径大 4～8mm 左右。

（3）洗孔是植筋中最重要的一个环节，因为孔钻完后内部会有很多灰粉、灰渣，直接影响植筋的质量，所以一定要把孔内杂物清理干净。

图 1-143　植筋

（4）钢筋锚固部分要清除表面锈迹及其他污物（图 1-143）。

9. 验收（表 1-2）

B-house 基础验收表

表 1-2

序号	工程名称	检查内容	评价标准	测试点	测试结果	不合格整改内容
1	基础界面尺寸	长度	偏差[0，5]mm	11 个面		
2		宽度	偏差[0，5]mm	11 个面		
3	水电预埋	接地钢筋	焊接牢固、无缺陷	1 个点		
4		电气点位尺寸	偏差[0，10]mm	1 个点		
5		给排水点位尺寸	偏差[0，10]mm	9 个点		
6	表面观感	平整度	偏差[0，10]mm	20 个点		
7		垂直度	偏差[0，5]mm	20 个点		
8		阴阳角方正	偏差[0，5]mm	12 个点		
9	植筋	点位数量及钢筋强度	无漏项、无偏差	40 个点		
10		露出尺寸为 80mm	偏差[0，10]mm			
施工队意见						
监理（安装）方意见						
业主（投资）方意见						

注：测试结果记录在测试点合格的基础上填写实际合格个数，达到 90 分以上方合格。

1.3.1.3 吊装方案平面要求

PC 板吊装需要进行方案设计，有以下注意事项：

（1）对汽车起重机的起吊处与 PC 板车停放处的地面进行夯实硬化处理，保证满足需要的承载力。

（2）必须选择不小于中联 QY70T 型号性能的汽车起重机进行吊装。

（3）此方案需优先考虑一层墙板的重量。

（4）PC 板车可参考图中所示位置进行停放，特殊情况可由现场施工人员自行安排，能确保构件起吊及正常施工即可（图 1-144、图 1-145）。

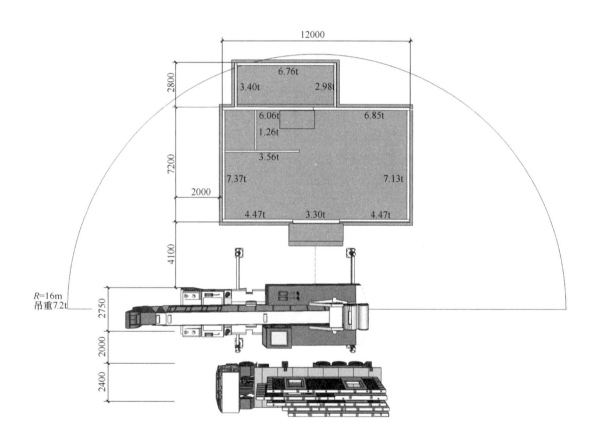

图 1-144　吊装方案设计（1）

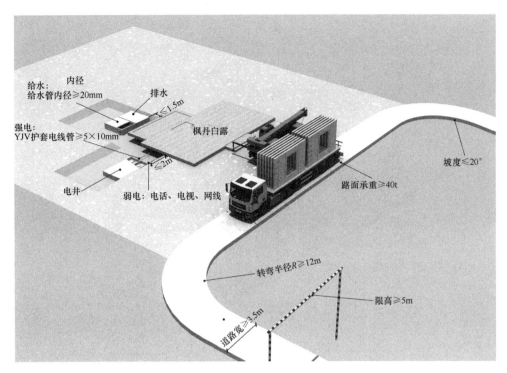

给水：内径
给水管内径≥20mm
排水
≤1.5m
枫丹白露
强电：
YJV护套电线管≥5×10mm
≥2m
电井
弱电：电话、电视、网线
坡度≤20°
路面承重≥40t
转弯半径R≥12m
限高≥5m
道路宽≥3.5m

图 1-145　吊装方案设计（2）

1.3.2　主体施工

枫丹白露别墅一般四天即可完成主体安装施工。在工厂生产的 PC 墙板、PC 楼板、部品部件等，通过编号，确定现场安装顺序。在施工现场，只需依照编号进行施工。

第一天工序：测量放线、打标控制、PC 吊装、外架安装（图 1-146～图 1-149）。

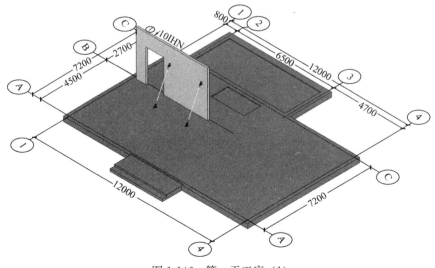

图 1-146　第一天工序（1）

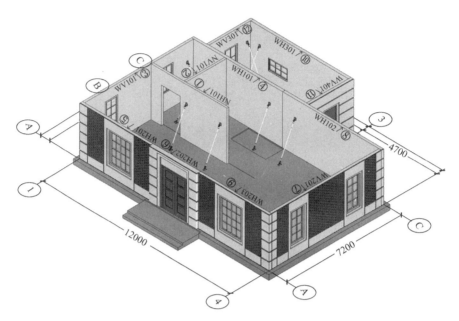

图 1-147　第一天工序（2）

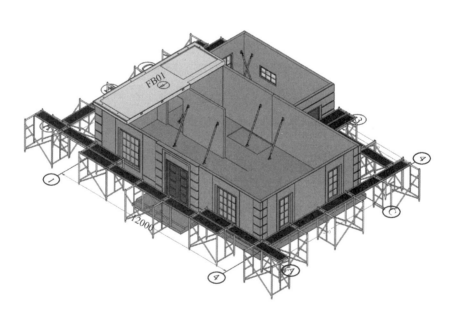

图 1-148　第一天工序（3）

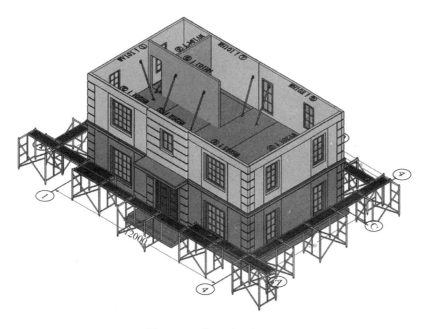

图 1-149　第一天工序（4）

　　第二天工序：PC 吊装、外架安装、屋顶外墙防水打胶、屋顶拼缝砂浆找坡、PK 盒封堵、楼梯基础安装（图 1-150～图 1-153）。

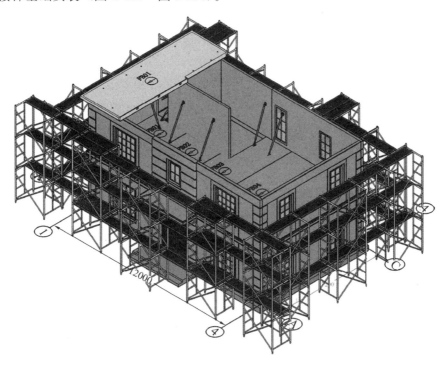

图 1-150　第二天工序（1）

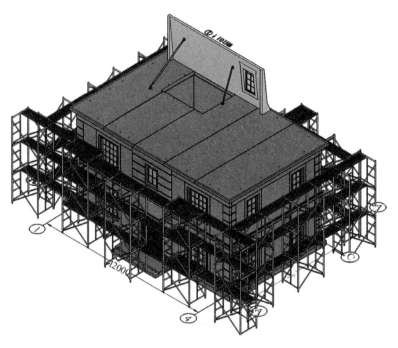

图 1-151　第二天工序（2）

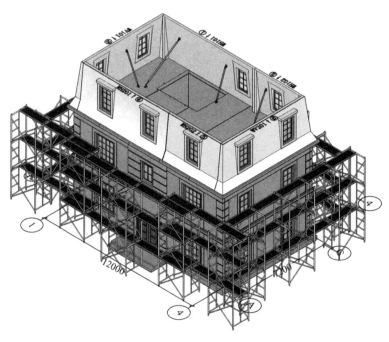

图 1-152　第二天工序（3）

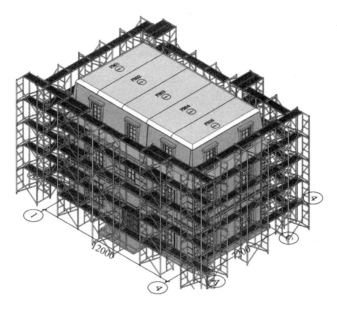

图 1-153　第二天工序（4）

第三天工序：外墙打胶、外墙瓦安装、屋顶防水卷材（图 1-154、图 1-155）。

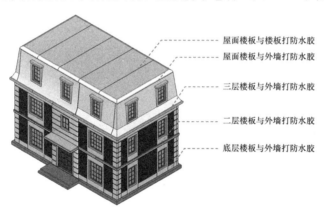

图 1-154　第三天工序（1）

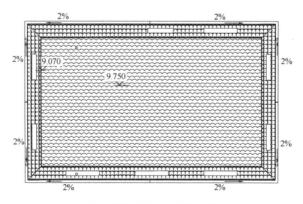

图 1-155　第三天工序（2）

第四天工序：天沟安装、外墙清理修补、外架拆除、阳台栏杆安装、入户门安装（图1-156~图1-157）。

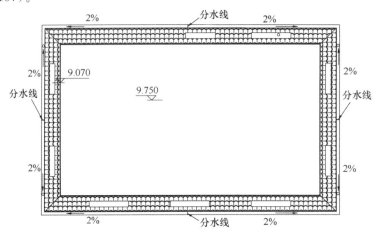

图 1-156　第四天工序（1）

图 1-157　第四天工序（2）

1.3.2.1　测量、放线、定位及吊装

1. 一层墙板测量、放线、定位检测说明

（1）完成建筑轴线、墙板中心线、检测线的放线。

（2）PC 板吊装就位；如图 1-159、图 1-160 所示，控制定位误差在±2mm 范围内；且需检测每块 PC 构件的两端及中心三处点位（图 1-158）。

（3）PC 构件检测测量数据应一一记录在文档及 PC 板检测点处；同一轴线方向误差累计尽量正负抵消，且最终总误差不超过 5mm。

2. 一层墙板吊装安装步骤

（1）根据轴线放设一层墙板就位线，并调整标高，检查基础底板植筋布置点位尺寸。

（2）墙板按照 NH101~WV301 顺序进行吊装就位、斜支撑安装、检查。

（3）完成一层墙板与基础底板、墙板与墙板之间的连接（PK 盒子之间连接）。

（4）将轴线返至墙板顶面。

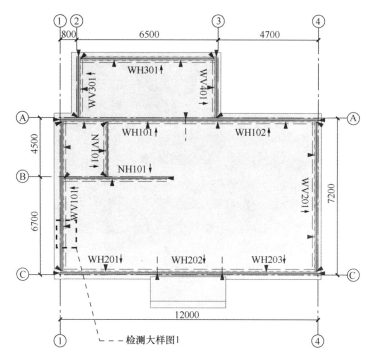

图 1-158 一层墙板定位检测总平面图

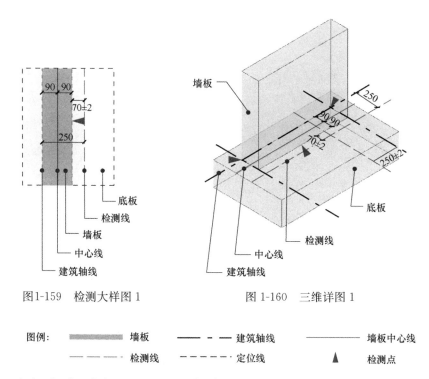

图 1-159 检测大样图 1　　　　　图 1-160 三维详图 1

图例：　▨ 墙板　　—·— 建筑轴线　　—— 墙板中心线
　　　　—·— 检测线　　----- 定位线　　▲ 检测点

（5）墙板安装顺序：NH101（内墙）—NV101（内墙）—WV101—WH101—WH201—WH202—WV201—WH102—WH203—WH301—WV401—WV301（图 1-161～图 1-163）。

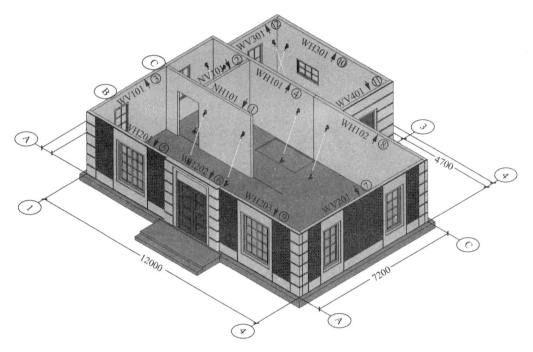

图 1-161　一层墙板吊装完成图

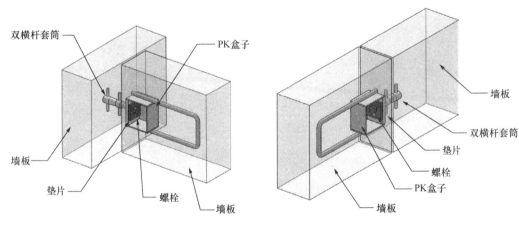

图 1-162　墙板与墙板 T 转角节点　　　　图 1-163　墙板与墙板平接节点

3. 二层楼板测量、放线、定位检测说明

（1）完成建筑轴线、定位线的放线。

（2）PC 板吊装就位；如图 1-165、图 1-166 所示，控制定位误差在±2mm 范围内；且需检测每块 PC 构件四个角的定位（图 1-164）。

（3）PC 构件检测测量数据应一一记录在文档及 PC 板检测点及定位点处；同一轴线方向误差累计尽量正负抵消，且最终总误差不超过 5mm。

4. 二层楼板吊装安装步骤

（1）搭设外架，提供吊装的安全保障。

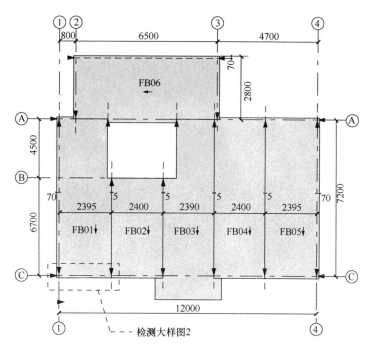

图 1-164 二层楼板定位检测总平面图

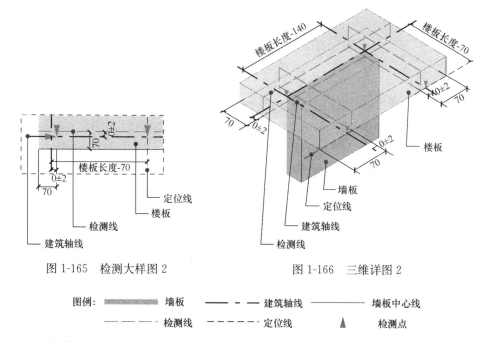

图 1-165 检测大样图 2　　　　　图 1-166 三维详图 2

图例：▨ 墙板　　━ ─ ━ 建筑轴线　　───── 墙板中心线

　　　━ ─ ─ 检测线　　─ ─ ─ 定位线　　▲ 检测点

（2）根据轴线放设好楼板边线。

（3）楼板按照 FB01~FB06 顺序进行吊装就位、检查。

（4）完成二层楼板与墙板、楼板与楼板之间的连接（PK 盒子及插筋孔之间连接）。

（5）将轴线返至二层楼板表面。

（6）楼板安装顺序：FB01—FB02—FB03—FB04—FB05—FB06（图 1-167~图 1-169）。

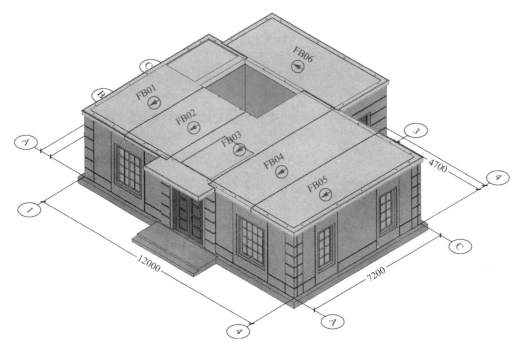

图 1-167　二层楼板吊装完成图

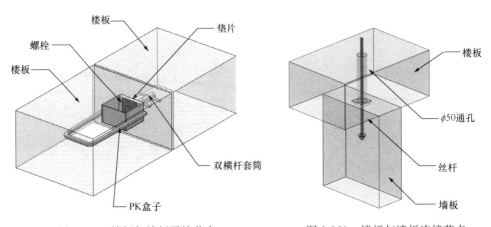

图 1-168　楼板与楼板平接节点　　　　图 1-169　楼板与墙板连接节点

5. 二层墙板测量、放线、定位检测说明

（1）完成建筑轴线、墙板中心线、检测线的放线。

（2）PC 板吊装就位；如图 1-159、图 1-160 所示，控制定位误差在 ±2mm 范围内；且需检测每块 PC 构件的两端及中心三处点位（图 1-170）。

（3）复检：各立面参照铅垂线放置立面图（图 1-171），保证二层墙板外轮廓及拼缝与一层墙板铅垂同轴。

（4）PC 构件检测测量数据应一一记录在文档及 PC 板检测点处；同一轴线方向误差累计尽量正负抵消，且最终总误差不超过 5mm。

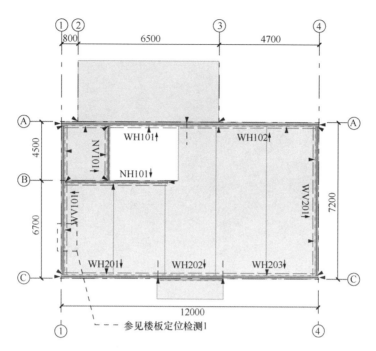

图 1-170 二层墙板定位检测总平面图

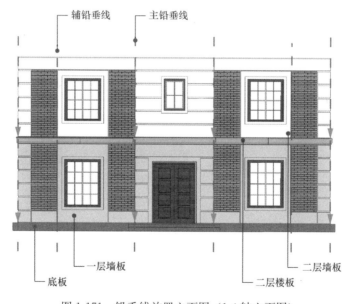

图 1-171 铅垂线放置立面图（1-4 轴立面图）

图例：　▨▨▨▨ 墙板　　──·──·── 建筑轴线　　────── 墙板中心线
　　　　── ·── ·── 检测线　　─ ─ ─ ─ ─ 定位线　　▲ 检测点

6. 二层墙板吊装安装步骤

（1）根据轴线放设二层墙板就位线，并调整标高。

（2）墙板按照 NH101～WH203 顺序进行吊装就位、斜支撑安装、检查。

（3）完成二层墙板与楼板、墙板与墙板之间的连接（PK 盒子之间连接）。

（4）将轴线返至墙板顶面。

（5）墙板安装顺序：NH101（内墙）—NV101（内墙）—WV101—WH101—WH201—WH202—WV201—WH102—WH203（图1-172～图1-174）。

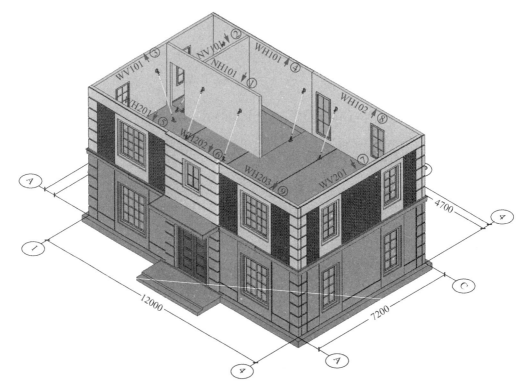

图 1-172　二层墙板吊装完成图

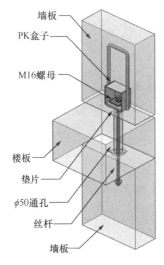

图 1-173　墙板与楼板连接节点

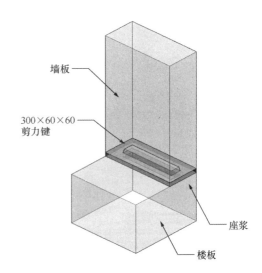

图 1-174　剪力槽节点

7. 三层墙板测量、放线、定位检测说明

（1）完成建筑轴线、定位线、检测线的放线。

（2）PC 板吊装就位；如图 1-176 所示，控制定位误差在±2mm 范围内；且需检测每块 PC 构件的两端及中心三处点位（图 1-175）。

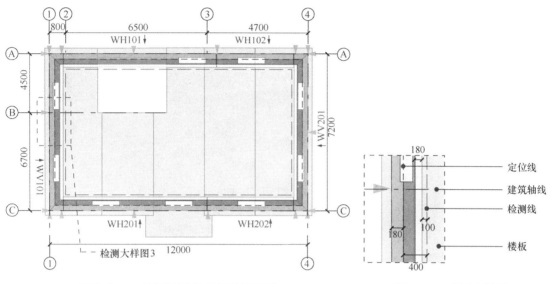

图 1-175　三层墙板定位检测总平面图　　　　图 1-176　检测大样图 3

（3）复检：各立面参照铅垂线放置立面图（图 1-177），保证三层墙板外轮廓与一、二层墙板铅垂同轴。

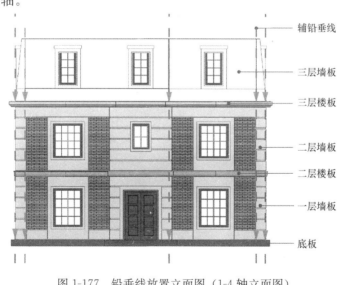

图 1-177　铅垂线放置立面图（1-4 轴立面图）

图例：　▨▨▨▨　墙板　　　━ ─ ─ ━　建筑轴线　　　━━━━　墙板中心线
　　　　─ ─ ─ ─　检测线　　　─ ─ ─ ─ ─　定位线　　　▲　检测点

（4）PC 构件检测测量数据应一一记录在文档及 PC 板检测点处；同一轴线方向误差累计尽量正负抵消，且最终总误差不超过 5mm。

8. 三层墙板吊装安装步骤

（1）根据轴线放设三层墙板就位线，并调整标高。

（2）墙板按照 WH101～WV201 顺序进行吊装就位、斜支撑安装、检查。

（3）完成三层墙板与楼板、墙板与墙板之间的连接（PK 盒子之间连接）。

（4）将轴线返至墙板顶面。

（5）墙 板 安 装 顺 序：WH101—WH201—WV101—WH102—WH202—WV201（图
1-178～图 1-180）。

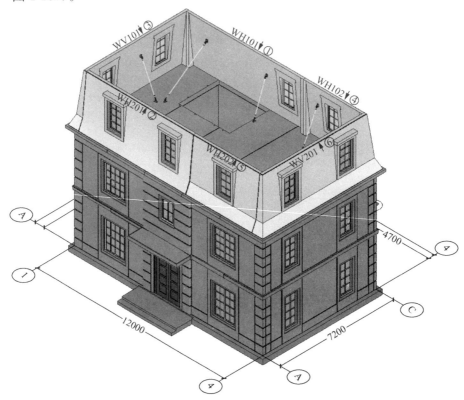

图 1-178　三层墙板吊装完成图

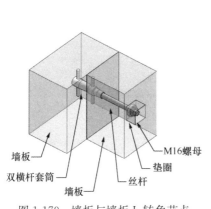

图 1-179　墙板与墙板 L 转角节点

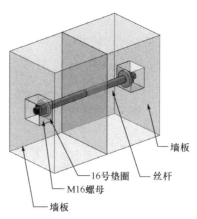

图 1-180　墙板与墙板平接节点

1.3.2.2 防水打胶

预制装配式别墅在墙板与底板水平缝、楼板与墙板水平缝、楼板与楼板水平缝、墙板与墙板竖向缝、墙板与凸窗环形缝、墙板与楼板交叉缝等处均需做防水打胶处理。其防水处理节点见图 1-181～图 1-184。

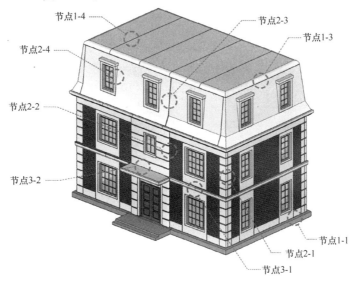

图 1-181　正面防水节点概览

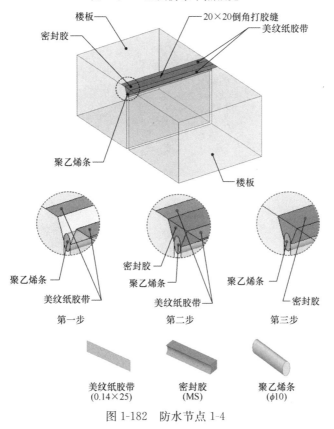

图 1-182　防水节点 1-4

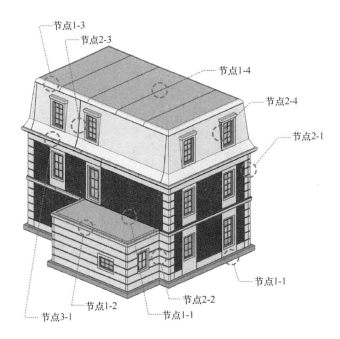

图 1-183　背面防水节点概览

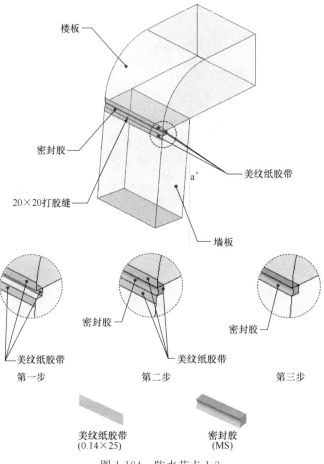

图 1-184　防水节点 1-3

防水节点的具体施工过程为：

（1）用钢丝刷、毛刷对 20mm×20mm 打胶缝做表面清洁。

（2）第一步：粘贴美纹纸胶带；在打胶缝面涂刷底涂剂；第二步：打 MS 密封胶，保证表面凹型平滑过渡；第三步：单条缝打胶完成后及时撕除表面露出的美纹纸胶带。

1.3.2.3 屋面瓦安装图解

1. 安装工具

锤子、美工刀、灰线。

辅料：钉子、安全绳、安全带、瓦钉。

2. 施工流程

挂线—双层瓦铺钉—单层脊瓦铺钉—打胶收口。

（1）挂线、铺钉双层瓦

1）从檐边往上量 290mm 挂线，作为第一块双层瓦的基准线。如图 1-185 所示。

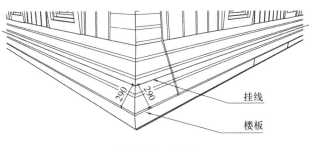

图 1-185　挂线

2）铺钉初始层双层瓦注意出檐伸至天沟内 50mm。如图 1-186、图 1-187 所示。

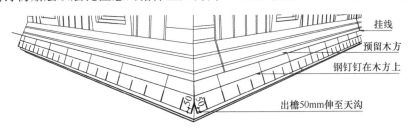

图 1-186　铺钉双层瓦（1）

3）所有瓦钉必须钉在双层瓦上的白线上，注意钉瓦时上下排瓦不能重缝，错开至少 200mm。如图 1-188 所示。

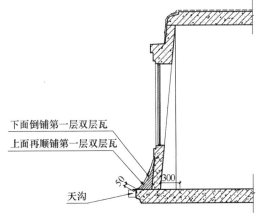

图 1-187　铺钉双层瓦（2）

4）坡屋顶双层瓦从下往上铺钉到顶板转角处，阳角处沿边裁剪。如图 1-189 所示。

（2）挂线、铺钉单层脊瓦

1）脊瓦铺设前先从距阳角边 165mm 挂线，以此线为基准铺贴。

2）单层脊瓦从下往上铺钉，铺设时，脊瓦需沿中心线全长对折，脊瓦安装时打钉位置应距离侧边 25mm；第一块单层脊瓦注意出檐 50mm，紧接自粘胶的地方，且被第二张脊瓦所覆盖。如图 1-190 所示。

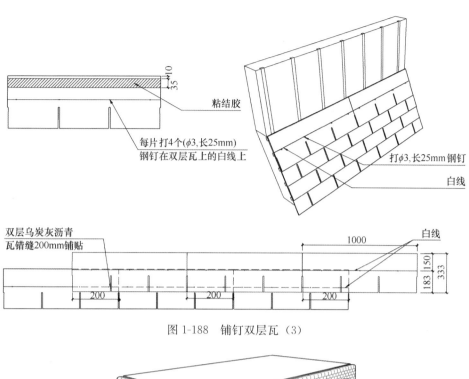

图 1-188 铺钉双层瓦（3）

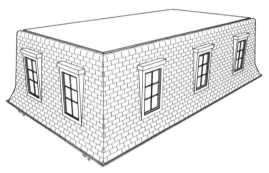

图 1-189 铺钉双层瓦（4）

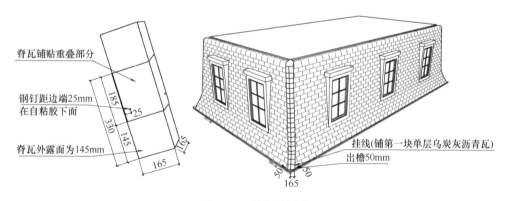

图 1-190 铺钉单层脊瓦

（3）打胶收口

1）瓦钉钉帽外露的地方及老虎窗一圈打中性硅酮密封胶覆盖收口。

2）最后 3mm 防水卷材与沥青瓦之间打中性硅酮密封胶收口。如图 1-191 所示。

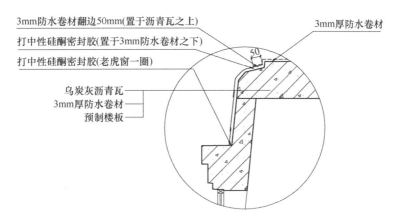

图 1-191　打胶收口

3. 质量检验标准

（1）玻纤沥青瓦施工前对防水基层，穿出屋面的管道等前道工序进行验收。

（2）屋面竣工后，不得有渗漏现象，瓦片排列整齐、平直，不得有残留瓦片。

（3）固定钉必须钉平、钉牢，严禁钉帽外露玻纤沥青瓦表面。

1.3.2.4　屋面防水卷材安装图解

1. 安装工具

扫帚、喷枪、液化气、美工刀。

辅料：手套。

2. 施工流程

基层清理—细部附加防水施工及弹基准线—揭去卷材底面隔离纸—自粘卷材铺贴—排气压实—边缘密封节点加强处理—收头密封—验收。

（1）基层清理

施工前应用扫帚或高压吹尘机进行清理，保证基层坚实、干燥平整、无起砂、灰尘、无油污，PC 板接缝处应用 MS 防水胶填缝补平。如图 1-192 所示。

（2）细部附加处理

1）防水附加层用防水卷材在顶面四个阳角部位进行增强处理。方法是先按细部形状剪 200mm×200mm 的卷材，再喷枪烘烤软化即可粘贴牢固，附加层要求无空鼓，并压实铺牢卷材，铺贴到转角下 50mm。如图 1-193、图 1-194 所示。

图 1-192　基层清理

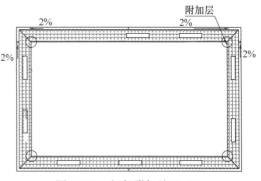

图 1-193　细部附加处理（1）

67

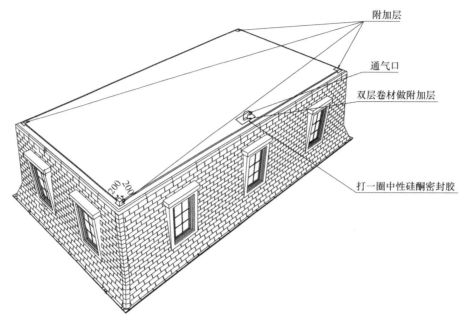

图 1-194　细部附加处理（2）

2）通气口处填 200mm 厚的高强砂浆，上面打 50mm 中性硅酮密封胶，再用双层卷材按通气口尺寸剪一个缺口做附加层，用喷枪加热固定密实，最后用中性硅酮密封胶打一圈收口。如图 1-194 所示。

（3）卷材铺贴

1）基层处理剂干燥后，按卷材宽度尺寸，弹好卷材铺贴控制线，并将卷材进行试铺和裁剪。如图 1-195 所示。

2）将待铺卷材剥去一面隔离纸 1000mm 长度，把成卷的改性卷材向前滚铺使其粘结在基层表面上，向前滚压排气粘牢，注意铺贴的卷材应平整、顺直。如图 1-196 所示。

图 1-195　弹线

图 1-196　卷材铺贴（1）

3）防水卷材铺贴的顺序应从找坡的两边低处向高处铺贴，注意搭接时高处卷材盖在低处卷材上，以防雨水渗漏。如图 1-197 所示。序号 1～7 表示铺贴顺序。

4）卷材接缝粘贴：卷材搭接长度方向 60～80mm，宽度方向 80～100mm；如图 1-197 所示。

68

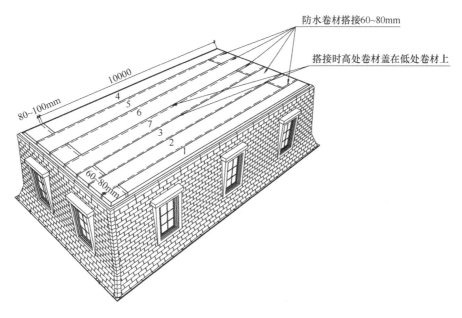

防水卷材搭接60~80mm

搭接时高处卷材盖在低处卷材上

图 1-197　卷材铺贴（2）

5）接缝处理：卷材搭接缝的粘结，采用专用压辊在上层卷材的顶面均匀用力施压，以边缘呈密实粘合为准。如图 1-198 所示。

6）将缝中挤出的外溢胶刮压密实，横竖向要求用喷枪烘烤软化搭接再压密实。如图 1-199 所示。

图 1-198　接缝处理

图 1-199　喷枪烘烤

3. 质量检验标准

（1）屋面防水层不得有渗漏或者积水现象。检验方法：雨后或者淋水、蓄水试验。

（2）卷材防水层的搭接缝应粘接牢固、封闭严密，不得有皱折、翘边和鼓泡等缺陷；卷材防水层的收头应与基层粘结并固定牢靠，缝口封闭严实，不得翘边。检验方法：观察检查。

（3）卷材的铺贴方向应正确，卷材搭接宽度允许偏差为－10mm。检验方法：观察和尺量检查。

1.3.2.5 天沟安装图解

天沟指建筑物屋面两胯间的下凹部分。屋面排水分有组织排水和无组织排水（自由排水），有组织排水一般是把雨水集到天沟内再由雨水管排下，集聚雨水的沟就被称为天沟。以下对成品天沟进行介绍。

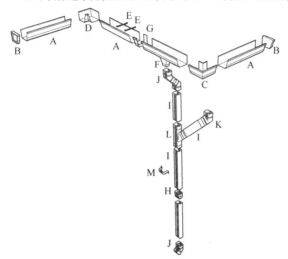

图 1-200　天沟安装各部件名称

A—檐槽；B—封盖；C—90°阳角；D—90°阴角；E—檐槽挂钩（吊接器）；F—雨水斗；G—卡接器；H—接口器；I—雨水管；J—雨水管引流器；K—雨水管转向器；L—45°斜三通；M—定位器

1. 各部件名称

如图 1-200 所示。

2. 安装工具

（1）工具：充电钻、电锤、锤子。

（2）辅材：膨胀钉、长螺钉、防水密封胶。

3. 檐槽挂钩安装

每段檐槽（3m）穿 5 个檐槽挂钩备用（图 1-201）。

4. 打水平挂线——找分水点找坡度

（1）沿屋檐楼板角点定位标高，钉子标记。

（2）确定落水点（最低点）、分水点（最高点）、钉子标记。

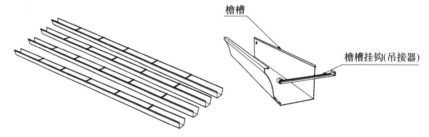

图 1-201　檐槽挂钩安装

（3）沿各钉子间挂线定位天沟位置及走向（图 1-202）。

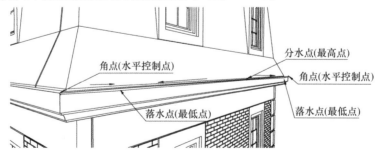

图 1-202　打水平挂线

5. 檐槽安装（檐槽、檐槽雨水斗、转角安装）

（1）沿角点定位点安装 90°阳角，用螺钉固定檐槽挂钩（吊接器）。

（2）沿挂线走势安装檐槽，螺钉固定檐槽挂钩。

（3）沿落水点位置定位檐槽雨水斗，螺钉固定檐槽挂钩。

（4）各部件间用卡接器连接，连接时打胶（图 1-203）。

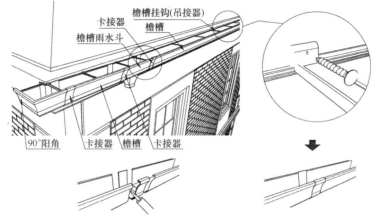

图 1-203　檐槽安装

6. 落水管安装

（1）由落水点檐槽雨水斗处接雨水管。

（2）特殊造型处，用 45°雨水管引流器和雨水管结合的方式贴合造型。

（3）要求雨水管整体呈竖直方向铅垂。转角处定位器固定，通长处每 3 米固定 2 个定位器（图 1-204）。

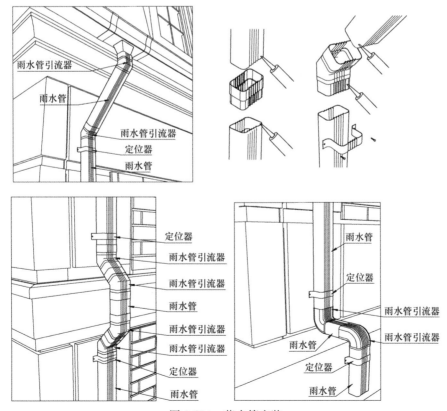

图 1-204　落水管安装

注意事项：

1）接口处打胶拼接。

2）接头（接口器、雨水管引流器、雨水管转向器）安装时必须大口朝上小口朝下。

1.3.2.6 锌钢栏杆安装图解

1. 锌钢栏杆组装

（1）工具：手电钻、卷尺、橡皮锤。

（2）组装步骤

1）小竖杆与横杆组装。组装所用配件：16 防水堵（图 1-205）。

2）横杆与立柱组装。组装所用配件：横杆铝座、不锈钢 6×12 内六角螺栓（图 1-206）。

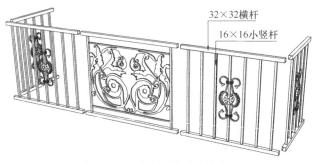

图 1-205 小竖杆与横杆组装

图 1-206 横杆与立柱组装

3）立柱与面管组装。组装所用配件：立柱铝座、90°转角三通、不锈钢 6×12 内六角螺栓（图 1-207）。

2. 锌钢栏杆安装

（1）工具：电锤、6×50 铁膨胀螺栓、手电钻、不锈钢 6×12 内六角螺栓、卷尺、铁锤。

（2）安装步骤

1）确认安装位置，固定面管。

2）固定立柱。

（3）注意事项

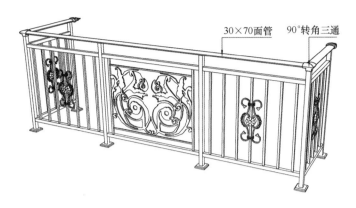

图 1-207　立柱与面管组装

1）按图纸高度定出墙端支架安装置，画线打膨胀螺栓，然后拉钉固定面管。

2）确认立柱固定点位置，画线打膨胀螺栓固定，拧螺栓时，需一人扶立柱保证垂直度，另一人拧紧四周螺栓（图 1-208、图 1-209）。

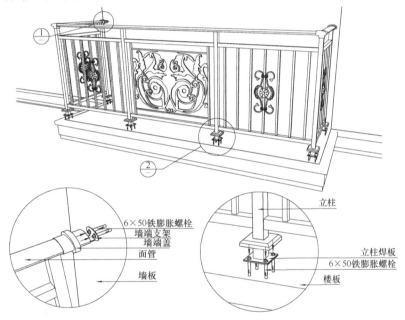

图 1-208　面管、立柱安装节点

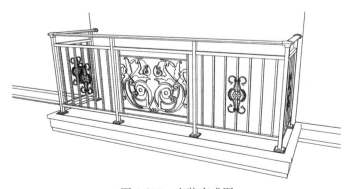

图 1-209　安装完成图

1.3.2.7 入户门安装图解

1. 安装工具

冲击钻、打胶筒、水平尺、螺丝刀、钳子、线坠、钢卷尺。

2. 施工流程

（1）弹线定位、确定门框安装位置、用水泥砂浆布满门下档基层（图 1-210）。

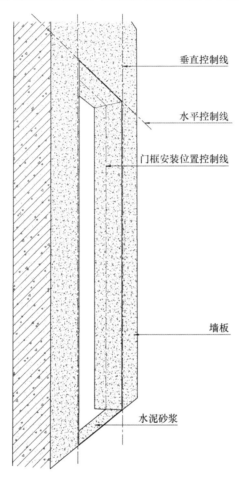

垂直控制线

水平控制线

门框安装位置控制线

墙板

水泥砂浆

图 1-210　入户门安装（1）

注意事项：按设计要求，划出门框安装位置控制线。

（2）安装门框，调整不锈钢下档（图 1-211）。

注意事项：

1）门框与墙体固定采用膨胀螺栓，根据门框上面的固定点，每边均不少于 3 个固定点固定。

2）下档应紧贴地面，不留缝隙。

3）门框与墙体间隙用细石混凝土嵌缝牢固，外门框与墙体连接处打建筑密封胶。

4）门扇安装完成关闭时，门缝应均匀平整，开启自由轻便，不得过紧、过松和反弹。

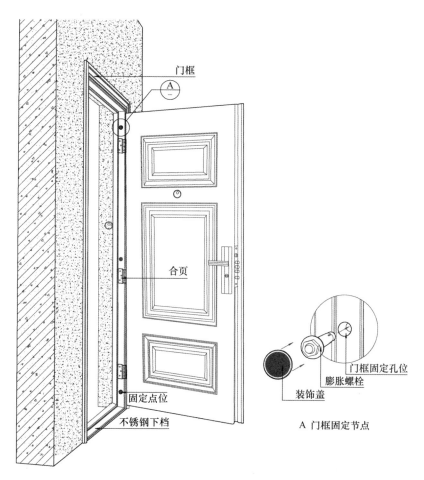

图 1-211　入户门安装（2）

1.3.3　装修部件施工

1.3.3.1　电气系统安装图解

电气系统见图 1-212。

1.3.3.2　穿线安装图解

1. 安装工具

剥线钳、虎口钳、美工刀。

2. 安装流程

选择导线—放线与断线—导线连接—线路绝缘遥测（图 1-213）。

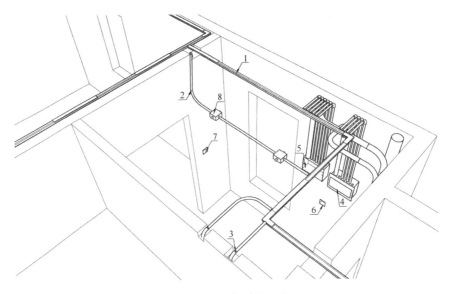

图 1-212 电气系统安装

1—电线槽；2—电线管；3—电线及连接器；4—配电箱；

5—多媒体箱；6—插座；7—开关；8—灯位

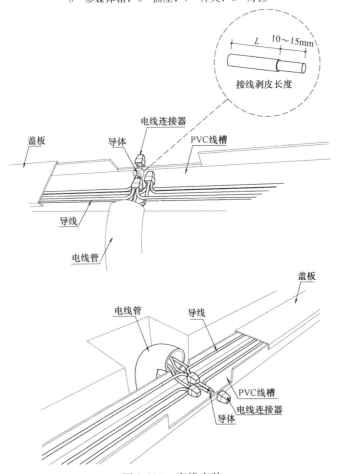

图 1-213 穿线安装

1.3.3.3 排水系统安装图解

1. 各部件名称

如图 1-214 所示。

2. 安装工具

砂轮锯、手锯、钢刮板、手电钻、冲击钻、水平尺、活扳手、毛刷、爬架。

3. 管材预加工

根据设计提供的排水部品安装尺寸图纸，截取相应管道长度，标明承口深度，然后用 PVC 专用胶水粘结好，按部件的编号（图 1-215）依次在部品工厂组装好，经品管部验收合格之后包装入库。

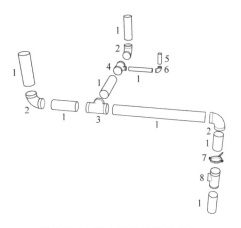

图 1-214 排水系统各部件名称
1—PVC 管；2—PVC 弯头；3—PVC 顺水三通；4—PVC 异径三通；5—PVC 管；6—PVC 弯头；7—管卡；8—检查口

4. 管材现场拼装

（1）根据施工图纸确定排水组件，现场组织拼装。

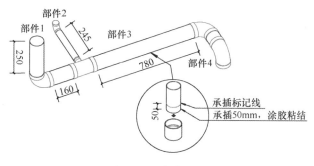

部件2
部件1
部件3
部件4
245
250
780
160
承插标记线
承插50mm，涂胶粘结
50

图 1-215 部件编号

（2）安装过程中先安装支管，然后安装立管，支管固定参照图 1-216。

（3）与各卫生洁具连接时，注意孔洞的封堵做好防水措施，参照图 1-217。

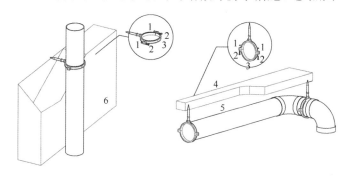

图 1-216 支管固定
1—螺母；2—螺栓；3—PVC 管卡；4—楼板；5—管材；6—墙板

5. 排水试验

（1）排水管道安装完成后，应按施工规范要求进行闭水试验。暗装的导管、立管、支

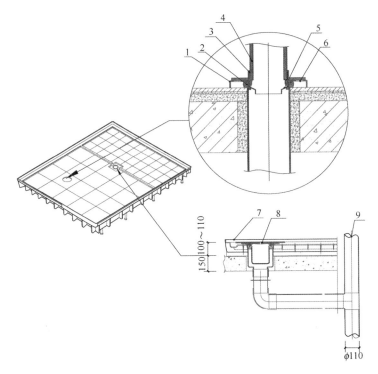

图 1-217 连接各卫生洁具
1—排污法兰主体；2—密封脂；3—橡胶垫片；4—坐便器连体下水管；
5—排污套筒；6—连接螺栓孔；7—底盘；8—地漏；9—PVC管

管必须进行闭水试验。闭水试验应分层分段逐根进行试验标准，以一层结构高度采用橡胶球胆封闭管口，满水至地面高度，满水 15min，再延续 5min，液面不下降，检查全部满水管段管件、接口无渗漏为合格。

（2）闭水试验后，排水系统管道的立管、主干管，应进行通球通水试验。立管通球试验应由屋顶透气口处投入不小于管径 2/3 的试验验球，应在室外结合井内临时设网截取试验球，用水冲动试验球至室外结合井，取出试验球为合格。且应在油漆粉刷最后一道工序前进行。

1.3.3.4 给水系统安装图解

1. 各部件名称

如图 1-218 所示。

2. 安装工具

充电钻、钢直尺、卷尺、电动试压泵、热熔器、管钳、管剪、螺丝刀、手锤、水平尺、线坠、压力表、钢锯、铣口器、毛刷、棉布等。

3. PPR 给水管道熔接

（1）热熔前根据管径画出被熔接管材接头的深度控制线。

（2）热熔工具接通电源，待达到工作温度（指示灯亮）后，方能开始热熔。

（3）加热时，管材应无旋转地将管端插入加热套内，插入到所标识的连接深度，同时，无旋转地把管件推到加热头上，并达到规定深度的标识处。加热时间必须符合规定（或见热熔焊机的使用说明）。见图 1-219。

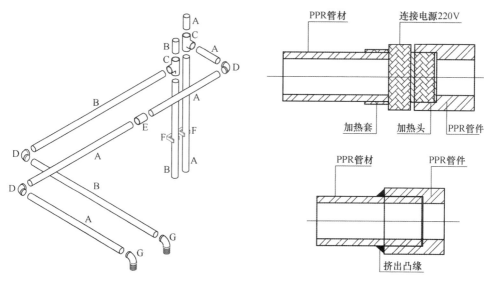

图 1-218　给水系统各部件名称

A—给水管道；B—热水管道；C—三通；D—90°
弯头；E—直接；F—管卡；G—外牙弯头

图 1-219　承口、插口加热

（4）达到规定的加热时间后，必须立即将管材与管件从加热套和加热头上同时取下，迅速无旋转地沿管材与管件的轴向直线均匀地插入到所标示的深度，使接缝处形成均匀的凸缘。

（5）在规定的加工时间内，刚熔接的接头允许立即校正，但严禁旋转。

4. 卡件固定

（1）管道安装时，宜选用管材生产厂家的配套管卡。

（2）管道安装时必须按不同管径和要求设置支架、用架或管卡，位置应准确，埋设应平整牢固，管卡与管道接触紧密，但不得损伤管道表面。

（3）采用金属支架等时，宜采用扁铁制作的鞍形管卡，并用柔软材料进行隔离。

（4）固定支架、南架应有足够的刚度，不得产生弯曲变形等缺陷。

（5）管道与金属管配件连接部位，管卡或支架、吊架应设在金属管配件一端。

（6）三通、弯头、接配水点的端头等部位，应设可靠的固定支架。见图 1-220。

5. 管道冲洗及试压

（1）冲洗前应考虑管道支、用架的牢固程度，管道冲洗不得超过设计压力，在不低于工作流速的同时保证足够流量。冲洗时，管道内的脏物及设备冲出的脏物彼此不得进入对方。若冲洗后管道内仍留有脏物，则应用其他方法清洗。管道冲洗合格后除规定项目及必要的恢复外，不得再进行影响管内清洁的其他作业，并及时填写《管道系统吹洗记录》。

（2）将试压管段各配水点封堵，打开系统最高点的排气阀并进行缓慢供水，待排气阀连续出水时关闭排气阀，进行水密性检查。宜采用手动加压泵缓缓加压，升压的时间不少于 10min。试验压力应为工作压力的 1.5 倍，且不小于 0.6MPa，升至目标压力停止并稳压 1h，压力差不超过 0.05MPa 且无明显渗漏时，试验合格。强度试验合格后，卸压至工作压力的 1.15 倍，稳压 2h，压力差不超过 0.03MPa 且系统的各类接口及连接点无渗漏为合格。

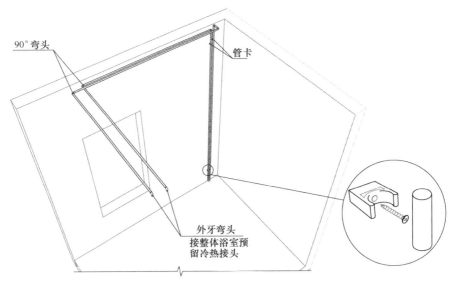

图 1-220　卫生间给水示意

1.3.3.5　木质成品楼梯安装图解

1. 各部件名称

如图 1-221 所示。

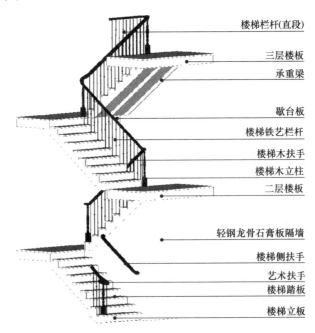

图 1-221　木质成品楼梯各部件名称

2. 安装工具

300mm 带角度斜切机、角磨机、内六角扳手（5/6/8/10/16）、虎头钳、双头呆扳手 14mm×17mm、套筒扳手 16mm、橡皮锤、手锯、角尺、水平尺、卷尺（5m）、电刨、木工铅笔、美工刀、电锤（冲击钻）、玻璃钻头、手电钻及钻头、开孔器、钢凿、吊锤、墨斗线盒。

3. 安装步骤

找位与划线—安装基础梁和歇台—修整—安装踏步踢脚线—安装立板和踏步板和歇台面板—安装歇台踢脚板—安装收口板—封板—修整—安装立柱、栏杆—安装扶手—修整清洁—打胶—成品保护。

（1）安装五金

如图 1-222～图 1-227 所示。

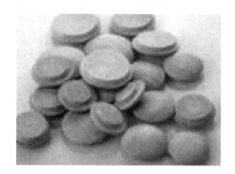

图 1-222　装饰木盖

图 1-223　单尖牙杆

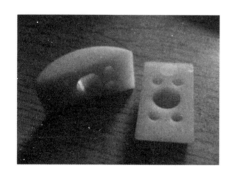

图 1-224　月牙

图 1-225　双头尖牙杆

图 1-226　螺帽和垫片

图 1-227　内外牙螺帽

（2）固定安装板

安装说明：1）在楼梯井先搭好脚手架；2）外露的部分需要木装饰盖，不外露的部分则不用；3）安装板完全固定后，安装内外牙螺杆，安装承重梁。见图1-228。

（3）安装二层到三层的承重梁（外）

安装说明：1）弹线，在弹出承重梁安装位置；2）根据墙上弹线，在承重梁上开孔，固定在预埋套筒上；3）装二层到三层的承重梁。见图1-229。

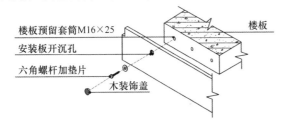

图1-228　固定安装板

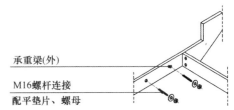

图1-229　安装二层到三层的承重梁（外）

（4）安装二层到三层的歇台

安装说明：1）组装歇台框架；2）用ϕ8单尖牙杆、月牙及螺母固定；3）组装二层到三层的歇台。见图1-230。

（5）安装二层到三层的承重梁（内）

安装说明：1）组装二层至三层之间的承重梁（内）；2）固定在楼板安装板及歇台上；3）注意保证楼梯踏步的宽度。见图1-231。

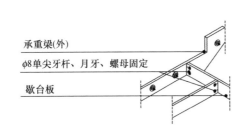

图1-230　安装二层到三层的歇台

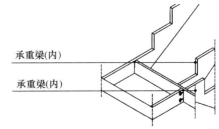

图1-231　安装二层到三层的承重梁（内）

（6）封板

安装说明：1）安装二层至三层之间承重梁下封板；2）安装二层至三层之间歇台下封板；3）歇台下开灯孔；4）安装封板收口；5）安装完封板之后即可拆除脚手架。见图1-232。

（7）安装一层到二层的承重梁（外）

安装说明：与安装二层到三层的承重梁（外）相似。

（8）安装一层到二层的歇台

安装说明：与安装二层到三层的歇台相似。

（9）安装一层到二层的承重梁（内）

安装说明：与安装二层到三层的承重梁（内）相似。

（10）根据图纸踏步尺寸微调承重梁的位置

（11）轻钢龙骨石膏板隔墙定位（与隔墙交叉作业）

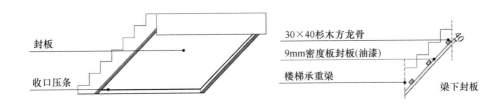

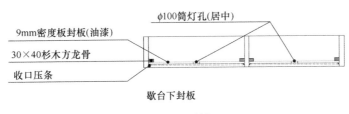

图 1-232　封板

（12）二层楼面收口板安装、三层楼面收口板安装（与铺设木地板交叉作业）
见图 1-233。

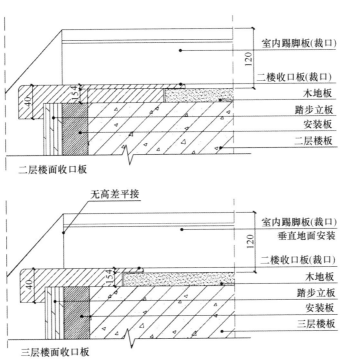

图 1-233　二层与三层楼面收口板安装

（13）安装楼梯踏步板、立板、歇台板
安装说明：安装立板，用自攻螺钉固定在承重梁上。见图 1-234。
（14）安装扶手、栏杆
见图 1-235。

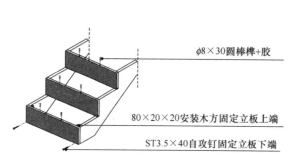

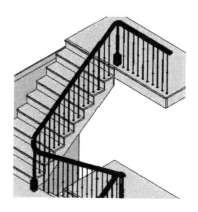

图 1-234 安装楼梯踏步板、立板、歇台板　　　　图 1-235 安装扶手、栏杆

1.3.3.6 轻钢龙骨石膏板安装图解

1. 物料清单

轻钢龙骨石膏板安装物料见表 1-3 及图 1-236。

物料清单

表 1-3

物料描述	型号、规格（mm）	单位	理论用量		备注
			400mm 间距	600mm 间距	
普通纸面石膏板	3000×1200×12	m²	根据具体项目需求		室内隔墙
硅钙板	2440×1220×7	张	根据具体项目需求		卫生间、厨房等潮湿空间
U形龙骨	3000×75×35×0.55	m	0.67	0.67	横龙骨
C形龙骨	3000×75×45×0.55	m	2.61	1.76	竖龙骨
自攻螺钉	φ35×25	粒	16	15	单层石膏板固定
	φ35×35	粒	39	34	双层石膏板固定
膨胀螺栓	M8×70	套	1.39	1.39	龙骨与砌体墙地面固定
金属空腔螺栓		个	根据具体项目需求		用于吊挂物处理
岩棉钉		个	根据具体项目需求		用于保温材料的固定
支撑卡	75系列	个	4.34	2.94	辅助支撑竖龙骨开口面
密封胶条	10×2	m	根据具体项目需求		用于轻钢龙骨与砌体墙的粘结固定
金属护角纸带	30m/盘	m	根据具体项目需求		用于石膏板的阳角接缝
金属固定卡		个	根据具体项目需求		用于给水管固定
密封膏		kg	根据具体项目需求		用于石膏板与砌体墙的粘结固定
嵌缝石膏	20kg/包	kg	1.8	1.8	石膏板拼缝的连接处理、表面破损处理
嵌缝带	50×0.075	m	4.66	4.66	用于石膏板的接缝处理
岩棉	50mm，100kg/m³	m²	根据具体项目需求		保温材料

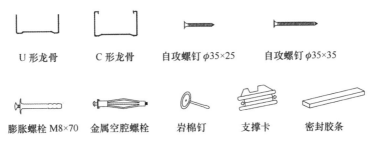

| U形龙骨 | C形龙骨 | 自攻螺钉φ35×25 | 自攻螺钉φ35×35 |

| 膨胀螺栓M8×70 | 金属空腔螺栓 | 岩棉钉 | 支撑卡 | 密封胶条 |

图 1-236　安装物料

2. 安装工具

电动冲击钻、手电钻、龙骨钳、龙骨剪、电动无齿锯、石膏板抬板器、石膏板修边器、钢直尺、带水准仪靠尺、弹线、灰刀（大中小号）、砂纸。

3. 施工基本流程

定位放线—沿地边框龙骨安装—竖龙骨安装—门窗洞口制作—龙骨内管线的安装—安装一侧石膏板—管道、线盒的安装—保温材料的安装—安装另一侧石膏板—隔墙嵌缝处理—隔墙阴阳角处理。

4. 施工步骤

（1）定位放线

1）材料及工具准备：铅垂（或激光水平仪）、弹线。

2）施工程序：

① 根据图纸设计要求确定隔墙位置，在基面上画出隔墙边线和龙骨的宽度位置线。

② 然后在隔墙线上确定门窗洞口位置线、隔墙的控制缝、定位线、设备管道位置标高等。

③ 用铅锤（或激光水平仪）把线引至墙面（或柱子）和顶面（或梁上）。

④ 最后将各种预留管线位置纠正到隔墙内部。见图 1-237。

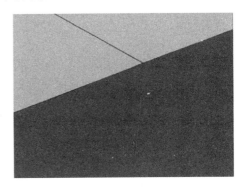

图 1-237　定位放线示意

（2）沿地边框龙骨安装

1）材料准备：见表 1-4。

沿地边框龙骨安装材料准备　　　　表 1-4

序号	材料名称	用途
1	75U形龙骨	沿天、沿地用
2	75C形龙骨	沿墙用
3	密封胶条	沿天、沿地及沿墙龙骨用
4	射钉或膨胀螺栓	龙骨固定

2）工具准备：电动无齿锯、龙骨钳、拉铆枪、射钉枪、电锤。

3）施工程序：

沿顶、沿地及边框龙骨底面宜粘贴两根橡胶密封条（或满贴），以保证墙体的隔声和保温效果。龙骨采用射钉或膨胀螺栓固定，固定间距不超过 600mm；当固定到龙骨两端时，在距离两端 50mm 处固定。见图 1-238、图 1-239。

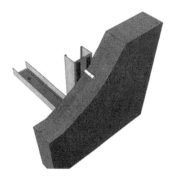

图 1-238　C 形龙骨贴密封胶条示意

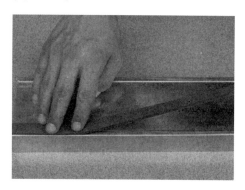

图 1-239　U 形龙骨贴密封胶条示意

（3）竖龙骨安装

1）材料准备：见表 1-5。

竖龙骨安装材料准备　　　　　　　　　　　　　　　表 1-5

序号	材料名称	用途
1	75C 形龙骨	竖龙骨
2	75U 形龙骨	C 形竖龙骨接长连接
3	自攻螺钉	龙骨固定
4	支撑卡	龙骨固定

2）工具准备：

电动无齿锯、龙骨钳、拉铆枪、射钉枪、电锤。

3）施工程序：

① 竖龙骨的长度应比实际高度短 5～10mm，安装时，上端要留一定伸缩空间，防止遇火受热膨胀。见图 1-240。

② 龙骨长度达不到墙体高度时，需要进行接长处理。见图 1-241。

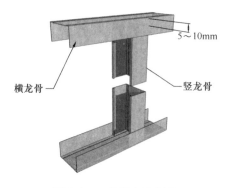

图 1-240　龙骨安装示意

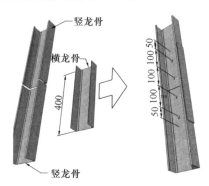

图 1-241　龙骨接长示意

③ 竖龙骨的安装一般从墙的一端开始排列，规则排列，开口方向必须保持一致，当隔墙上设有门（窗）时，应从门（窗）一侧或两侧开始排列。当最后一根龙骨与墙柱或门窗的距离大于龙骨的设计间距时，应增加一根竖龙骨。见图1-242。

④ 校正竖龙骨的垂直度，并安装设计要求和石膏板的允许误差调整龙骨的中心距，用拉铆钉或快装钳精确定位。见图1-243。

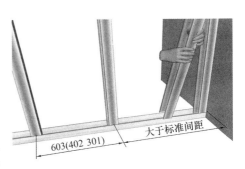

图1-242　龙骨排列示意

⑤ 选用支撑卡时，应先将支撑卡安装在竖向龙骨的开口上，卡距为600mm左右，距龙骨两端的距离为25～100mm。见图1-244。

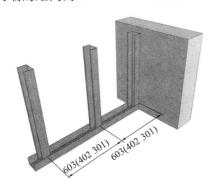

图1-243　龙骨间距示意

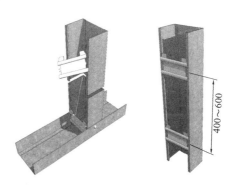

图1-244　支撑卡安装示意

（4）门窗洞口制作

1）材料准备：见表1-6。

门窗洞口制作材料准备　　　　　　　　　　　　　　　　　　　表1-6

序号	材料名称	用途
1	75C形龙骨	门窗洞口加固
2	75U形龙骨	门窗洞口加固、横撑龙骨
3	拉铆钉	龙骨固定
4	木方	M65×35，门窗洞口加固

2）工具准备：

电动无齿锯、龙骨钳、拉铆枪、射钉枪、电锤。

3）施工程序：

① 沿地龙骨在门洞位置处断开。将门、窗洞口两侧的竖龙骨各扣合一根横龙骨，或竖立一根附加竖龙骨（两根竖龙骨需铆接在一起），以作为边框加强，也可以在竖龙骨内加实木方进行加强。

② 门窗洞口上槛用横龙骨制作。上槛与沿顶龙骨之间竖龙骨间距应比隔墙的正常间距应小一些。如门、窗较重或宽超过1800mm时还应采取加固措施，如采用加厚的龙骨

等。见图 1-245～图 1-247。

图 1-245　UC 扣合实木方加固　　　图 1-246　UC 龙骨对扣加固

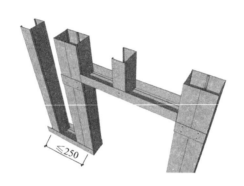

图 1-247　门洞处增加竖龙骨

（5）龙骨内管线安装

1）材料准备：见表 1-7。

龙骨内管线安装材料准备　　　　　　　　　表 1-7

序号	材料名称	用途
1	75C 形龙骨	附加横龙骨
2	龙骨加强连接件	竖龙骨开孔加强连接
3	拉铆钉	横撑龙骨固定
4	自攻螺钉	横撑龙骨固定
5	金属固定卡	管线固定

2）工具准备：

电动无齿锯、龙骨钳、龙骨剪、拉铆枪、自攻枪、电锤。

3）施工程序：

① 铺设在隔墙内的管线及插座安装位置要求按照设计增加固定龙骨（U 形横撑龙骨），当管线布置需要穿过龙骨时，龙骨要按照设计要求用连接件进行加强。

② 注意在此步骤完成后需进行隔墙龙骨的验收检验。见图 1-248～图 1-250。

（6）安装一侧石膏板

1）材料准备：见表 1-8。

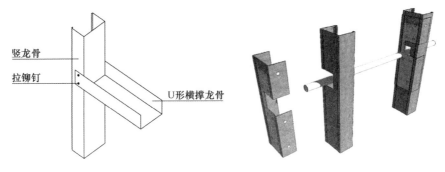

图 1-248　U形横撑龙骨做法　　　　　　　图 1-249　龙骨穿管线示意

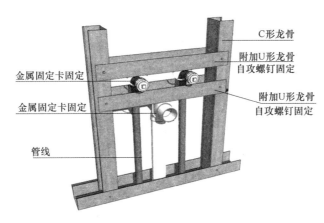

图 1-250　管线安装加固示意

一侧石膏板安装材料准备　　　　　　　　　　表 1-8

序号	材料名称	用途
1	纸面石膏板	龙骨贴面
2	硅钙板或耐水石膏板	龙骨贴面（用于厨房面）
3	自攻螺钉	石膏板固定

2）工具准备：

自攻枪、电动无齿锯、多用刀、石膏板抬板器、修边器、电锤、弹线。

3）施工程序：

① 石膏板安装应由墙体一端或有门、窗口位置开始，顺序安装。安装时石膏板的下端宜用抬板器将板抬起，与地面相距 10～12mm，不得直接放置在地面上。石膏板与墙、柱之间要留 3～5mm 缝隙，以便进行接缝处理（双层石膏板铺贴时，仅外层石膏板需要）。见图 1-251。

② 石膏板在门、窗口位置必须采用刀把形安装，防止在边框延长线上因振动而产生开裂。见图 1-252。

③ 安装石膏板时，应从板的中部向板的四边固定，禁止多点同时固定。自攻钉帽应略低于纸面约 0.5mm，且不得损坏纸面。钉子使用专用自攻枪安装，垂直板面一次性完成。双层石膏板的固定，内层板的螺钉间距应不大于 500mm，外层板的螺钉间距应不大

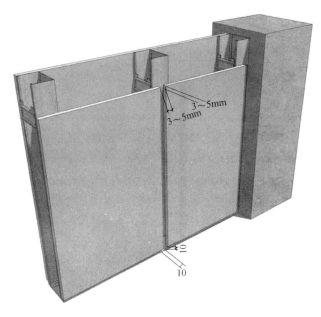

图 1-251　石膏板铺贴示意

于 300mm。石膏板螺钉间距如图 1-253 所示。

图 1-252　门洞口刀把形石膏板立面

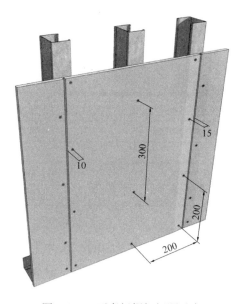

图 1-253　石膏板螺钉间距示意

（7）管道、线盒安装

1）材料准备：见表 1-9。

管道、线盒安装材料准备　　　　表 1-9

序号	材料名称	用途
1	弹性管箍	增加管线孔密封性
2	防水密封胶	增加管线孔密封性、防水性

2）工具准备：

自攻枪、电动无齿锯、多用刀、石膏板抬板器、修边器、电锤、弹线。

3）施工程序：

① 管线外应加弹性管箍以增加密封，管箍与石膏板孔的接触部位用密封胶密封，完工及时检验。见图 1-254。

② 接线盒尽可能错位安装，分布在竖龙骨的两侧；线盒至少进行三面封包（可用石膏板）并与龙骨固定，接线盒四周需用密封膏封严，在安装保温材料时需包裹密实，以减少漏声。见图 1-255。

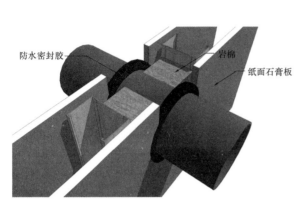

图 1-254　管线穿石膏板安装示意

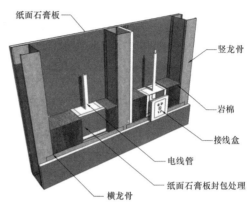

图 1-255　接线盒安装示意

（8）保温材料安装

1）材料准备：见表 1-10。

保温材料安装材料准备　　　　　　　　　　表 1-10

序号	材料名称	用途
1	无铝箔玻璃棉毡	隔墙内保温
2	自攻螺钉或岩棉钉	固定保温材料

2）工具准备：

自攻枪、电动无齿锯、多用刀、石膏板抬板器、修边器、电锤、弹线。

3）施工程序：

① 保温材料厚度应小于龙骨宽度，岩棉钉粘在石膏板内侧，钉距不超过 500mm。待胶完全凝固后，将保温材料插在岩棉钉上，板四周要塞严，相邻板接缝要错开。用岩棉钉帽扣在突出的岩棉钉头上，将保温材料固定牢固，将突出部分钉头剪掉。见图 1-256。

② 将保温材料（例如无铝箔玻璃棉毡）用自攻螺钉固定在天龙骨上，钉距不超过 500mm（应根据项目具体情况选择自攻螺钉型号，避免自攻螺钉过长抵到天花楼板上无法固定。）。见图 1-257。

（9）安装另一侧石膏板

1）材料准备：见表 1-11。

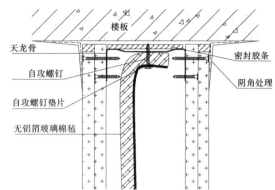

楼板
天龙骨
自攻螺钉
自攻螺钉垫片
无铝箔玻璃棉毡
密封胶条
阴角处理

图 1-256　保温材料固定示意　　　　　　图 1-257　保温材料固定节点

另一侧石膏板安装材料准备　　　　　　　　　　表 1-11

序号	材料名称	用途
1	纸面石膏板	龙骨贴面
2	硅钙板或耐水石膏板	龙骨贴面（用于厨房面）
3	自攻螺钉	石膏板固定

2）工具准备：

自攻枪、电动无齿锯、多用刀、石膏板抬板器、修边器、电锤、弹线。

3）施工程序：

① 龙骨两侧的石膏板应竖向错缝安装，同侧的内外两层的石膏板也必须竖向错缝安装，接缝不得落在同一根龙骨上。见图 1-258、图 1-259。

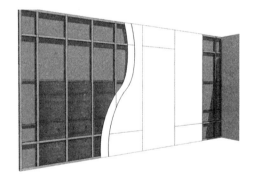

图 1-258　石膏板错缝安装示意　　　　　　图 1-259　完成后的墙体示意

② 当隔墙的高度大于石膏板的长度时，隔墙两侧的石膏板和同侧的内外两层石膏板的横向接缝也必须错缝安装。

（10）隔墙嵌缝处理

1）材料准备：见表 1-12。

隔墙嵌缝处理材料准备　　　　　　　　　　表 1-12

序号	材料名称	用途
1	嵌缝石膏	石膏板接缝
2	嵌缝带	石膏板接缝

序号	材料名称	用途
3	石膏粉	石膏板接缝
4	防锈漆	螺钉钉帽防锈

2）工具准备：

灰刀（大中小号）、砂纸、打磨器。

3）嵌缝前准备

① 检查纸面石膏板和轻钢龙骨之间必须是无应力紧密固定。

② 石膏板短边接缝还应先用边刨将两侧石膏板刨出 45°倒角。

③ 将板面上的钉帽涂上防锈漆，用嵌缝石膏抹平。

④ 嵌缝石膏：水＝1：0.6，拌和均匀后静置 5～6min。现用现调，每次调制完后切不可再加入石膏粉，避免出现结块，并应在 40～60min 内用完。

4）填缝

清理缝隙中的灰尘，用小号灰刀将嵌缝石膏均匀地填实板缝，并用刀尖顺板缝刮两遍，除去中间气泡。嵌缝宽度约 100mm（切割边嵌缝宽度需 200mm），厚 1mm，等待干燥（夏天超过 1h，冬天超过 2h）。见图 1-260。

5）粘贴嵌缝带

将润湿后的 50mm 宽嵌缝带贴于接缝处，由上至下使嵌缝带与嵌缝石膏充分结合。见图 1-261。

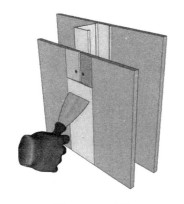 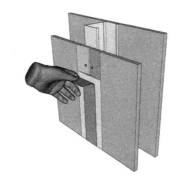

图 1-260 填缝　　　　　　图 1-261 粘结嵌缝带

6）第二层嵌缝

第二层嵌缝石膏比基层宽 100mm。见图 1-262。

7）第三遍找平、打磨

待第二遍干燥后，用大号灰刀刮上薄薄一层嵌缝石膏，比第二层宽 100mm，修补找平，此道工序必须连续操作，以免出现接缝带粘结不牢和翘曲的情况。待完全干燥后（大于 12h），用细砂纸或电动打磨器，轻轻打磨。见图 1-263。

（11）石膏板阴阳角处理

1）材料准备：见表 1-13。

93

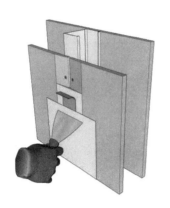

图 1-262 第二层嵌缝

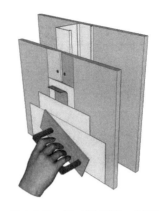

图 1-263 第三遍找平、打磨

石膏板阴阳角处理材料准备 表 1-13

序号	材料名称	用途
1	嵌缝石膏	石膏板接缝
2	嵌缝带	石膏板接缝
3	石膏粉	石膏板接缝
4	自攻螺钉	金属护角固定
5	金属护角	阴阳角保护

2）工具准备：

灰刀（大中小号）、砂纸、打磨器。

3）石膏板阳角处理：

① 如石膏板边是楔形边，要先将阳角用腻子修整顺直后，再安装护角，见图 1-264。

② 将金属护角按所需长度切断，用自攻螺钉将其固定在隔墙的阳角上，钉距不超过 200mm。见图 1-265。

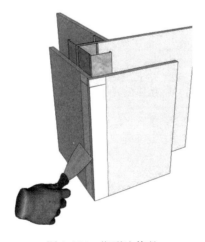

图 1-264 楔形边修整

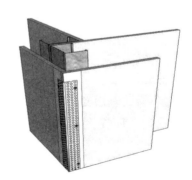

图 1-265 固定金属护角

③ 将金属护角表面抹一层嵌缝石膏，使护角不外露，宽度比护角两边宽 30mm。见

图 1-266。

4）石膏板阴角处理：

① 将嵌缝带向内折 90°贴于阴角处，用灰刀压实。见图 1-267。

② 用阴角抹子在嵌缝带上刮上薄薄一层嵌缝石膏，宽度比嵌缝带两边宽约 50mm。见图 1-268。

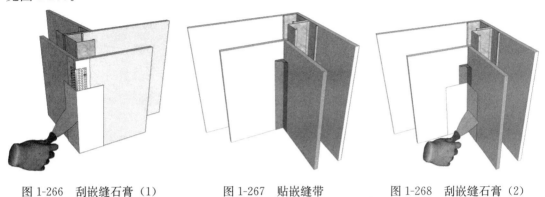

图 1-266　刮嵌缝石膏（1）　　　图 1-267　贴嵌缝带　　　图 1-268　刮嵌缝石膏（2）

5. 轻钢龙骨石膏板隔墙施工节点

见图 1-269～图 1-275。

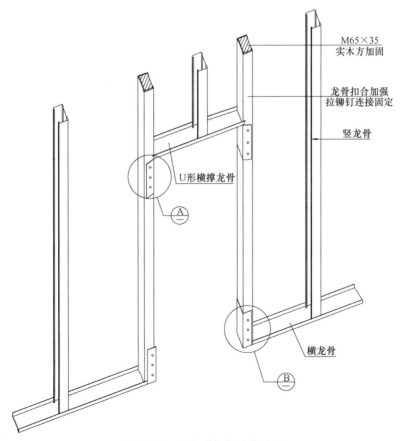

图 1-269　门框附加龙骨构造图

95

说明：门洞口处龙骨加强可根据具体项目要求选择 UC 扣合实木方加固、UC 龙骨对扣加固、增加竖龙骨加固。

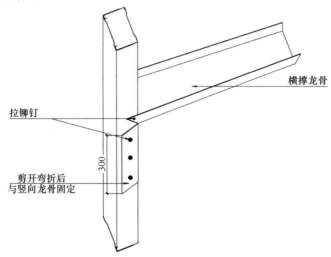

图 1-270 A 门框门楣做法

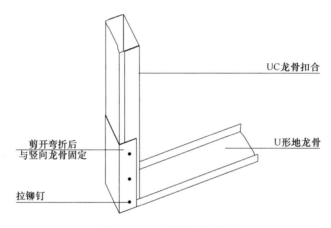

图 1-271 B 门框门脚做法

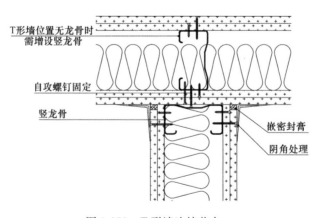

图 1-272 T 形墙连接节点一

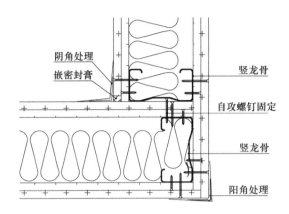

图 1-273　L 形墙连接节点一

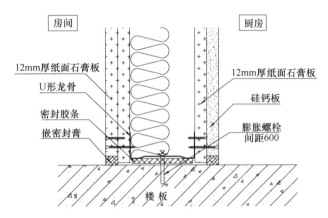

图 1-274　无地梁参考做法图

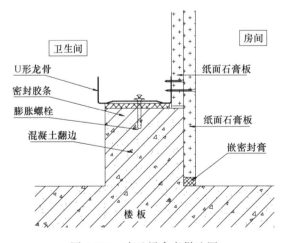

图 1-275　有地梁参考做法图

6. 轻钢龙骨石膏板隔墙质量检验标准

（1）隔墙龙骨验收

1）材料准备：

钢直尺或卷材、线坠或带水准仪靠尺。

2）隔墙龙骨安装完后，应进行整体中间验收并作记录：

① 龙骨是否有扭曲变形；

② 沿顶、沿地龙骨之间是否平行，是否有松动；

③ 管线是否有凸出外露；

④ 龙骨允许偏差及检验方法：见表1-14。

龙骨允许偏差及检验方法　　　　　　　　　　　　　　表1-14

序号	项目	允许偏差（mm）	检查方式
1	龙骨间距	≤3	用钢直尺或卷尺
2	竖龙骨垂直度	≤3	用线坠或带水准仪靠尺
3	整体平整度	≤2	用2m靠尺检查

（2）隔墙石膏板的验收

1）材料准备：

钢直尺或卷材、线坠或带水准仪靠尺、直角检测尺。

2）石膏板隔墙允许偏差与检验方法：见表1-15。

石膏板隔墙允许偏差与检验方法　　　　　　　　　　　表1-15

序号	项目	允许偏差（mm）	检查方式
1	表面平整度	3	用2m靠尺和塞尺检查
2	接缝高低差	1	用钢直尺和塞尺检查
3	立面垂直度	3	用带水准仪靠尺和塞尺检查
4	阴阳角方正	3	用直角检测尺检查

1.3.3.7　墙砖拼贴安装图解

1. 物料清单

物料：墙砖、瓷砖胶粘剂、填缝剂。

要求：

（1）界面剂、瓷砖胶粘剂（符合中国瓷砖胶粘剂产品标准：JC/T 547—2017，粘结强度的要求是：C1≥0.5MPa，C2≥1.0MPa）、瓷砖（设计要求）、十字定位卡（设计要求）、填缝剂。

（2）材料必须有合格证，检测报告。进场时需检查其生产日期。

（3）瓷砖应拆箱检查颜色、规格、形状。

（4）计算一次施工需要的瓷砖胶粘剂用量，层厚为1mm时，约1.2kg/m²。齿刀间距不同，可参考表1-16用量。

物料清单　　　　　　　　　　　　　　　　　　　　　表1-16

序号	抹刀齿距（mm）	耗量（kg/m²）
1	4×4×4	约1.7
2	6×6×6	约2.5
3	8×8×8	约3.4

2. 安装工具

皮锤、切割机、卷尺、水平尺、墨斗。

3. 作业条件

（1）事先应熟悉设计图纸。要注意图纸上的起铺点。

（2）施工环境温度大于5℃。

（3）标高正确。

（4）釉面砖需要用水浸泡，晾干后表面无明水时，方可使用。

（5）全瓷瓷砖不需要用水浸泡。确定墙砖的排版，在同一墙面上的横竖排列，不宜有一行以上的非整砖，非整砖行应排在次要部位或阴角线，阴角处不能有两块非整砖并排。

（6）墙柱面暗装管线、电制盒暗装完毕，并经检验合格。

（7）所选用的砖浸泡2~4h（具体情况具体对待），取出阴干，待表面手摸无水汽（空鼓、脱落、膨胀不均是因为砖没有很好浸水）。

4. 施工基本流程

基层处理—起铺点—纵横牵线—胶粘剂搅拌—涂胶—贴砖—填缝。

5. 施工步骤

（1）基层处理

1）墙面修补：基层为预制或现浇混凝土墙板不抹灰时，要事先清理表面流浆、尘土，将其缺棱掉角及板面凹凸不平处刷水湿润，修补处刷界面剂的水泥浆一道，随后抹1:3水泥砂浆局部勾抹平整，凹凸不大的部位可刮水泥腻子找平并对其防水缝、槽进行处理后，进行淋水试验，不渗漏，方可进行下道工序。

2）基层处理：用瓷砖粘贴剂前应对基层进行处理。对于混凝土基层，目前多采用水泥细砂浆掺界面剂进行"毛化处理"。即先将表面灰浆、尘土、污垢清刷干净，用10%火碱水将板面的油污刷掉，随即用净水将碱液冲净，晾干。然后用1:1水泥细砂浆内掺界面剂，喷或甩到墙上，其甩点要均匀，毛刺长度不宜大于8mm，终凝后浇水养护，直至水泥砂浆毛刺有较高的强度（用手掰不动）为止。基层为加气混凝土墙体，应对松动、灰浆不饱满的砌缝及梁、板下的顶头缝，用聚合物水泥砂浆填塞密实。将凸出墙面的灰浆刮净，凸出墙面不平整的部位剔凿；坑洼不平、缺棱掉角及设备管线槽、洞、孔用聚合物水泥砂浆整修密实、平顺。砖墙基层，要将墙面残余砂浆清理干净。见图1-276。

（2）找起铺点

1）仔细对照现场和设计图纸。

2）再一次核对标高，允许在公差范围内调整。

3）找出起铺点。见图1-277。

（3）纵横牵线

1）测量房间的长宽尺寸，计算瓷砖用量。应注意砖的套裁。一块砖在同一个方向一般可以裁成2块使用，而不宜裁成3块。

2）根据起铺点和砖的大小纵横牵线。

3）应考虑瓷砖与墙边一定要留有5~8mm的缝隙，用来满足瓷砖在安装时移动、调整的需要。

图 1-276　基层处理

图 1-277　找起铺点

（4）胶粘剂搅拌

搅拌好的砂浆应在规定的时间用完。

1）按照材料说明，将胶粘剂的干粉料倒入盛有适量清水的桶中，搅拌至膏状，获得合适的稠度。

2）停止搅拌，让砂浆熟化约 3min，在涂抹前再次短暂搅拌。见图 1-278。

（5）涂胶

1）将瓷砖胶粘剂倒在地面找平层起铺点的位置，然后使用一个齿形抹刀来抹开，依据瓷砖大小和胶粘剂类型梳理出 2～15mm 厚的薄层砂浆。

2）每次只抹适量胶粘剂，以便在开放时间内在砂浆层上全部粘贴上瓷砖。当瓷砖胶表面已经干化，不能用水再润湿，而应铲除。

3）开放时间的长度应事先查看产品说明。见图 1-279。

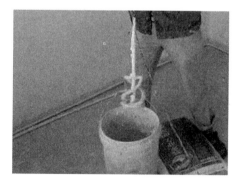

图 1-278　胶粘剂搅拌

图 1-279　涂胶

（6）贴砖

在安装期间，应时常检查那些已铺好的砖，及时做出修改。

1）将砖铺到已涂胶的找平层上，砖上楞略高出水平标高线，找正、找直、找方后，用橡皮锤轻轻拍实，使其牢固粘结在基面上。

2）铺完 1 行或 2 行后，根据实际情况移动控制线。

3）铺贴时应根据设计要求，留出砖的缝隙（用十字定位卡），当设计无规定时，紧密铺贴缝隙宽度不宜大于1mm。

根据设计图纸或排砖设计对墙面进行横竖向排砖，门边、窗边、镜边、阳角边宜排整砖，同时横排竖列均不得有小于1/2砖的非整砖。非整砖行应排在次要部位，如门窗上或阴角不明显处等。但要注意整个墙面的一致和对称。如遇有凸出的管线设备卡件，应用整砖套割吻合，不得用非整砖随意拼凑镶贴。见图1-280。

（7）填缝

1）在铺贴瓷砖后，应该清理缝隙的瓷砖胶等杂物，使其深度与瓷砖厚度一致。

2）应在基材完全干透、硬化后才能填缝。

3）按照填缝剂的使用说明，按比例将干粉倒入盛有水的桶中，适当搅至合适的稠度。搅拌砂浆时，每次用水量应一致，以免因用水量不同造成色差。

4）填缝时应沿着缝隙方向，用橡胶水泥铲将填缝剂压入缝隙。

5）当填缝剂硬化到足够的程度后（使用手指测试），使用轻微湿润的海绵或擦布擦除多余的填缝剂砂浆。注意不要将缝隙表面的砂浆擦掉。见图1-281。

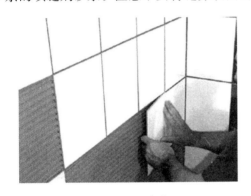

图1-280　贴砖

图1-281　填缝

6. 质量控制

（1）主控项目

1）饰面砖的品种、规格、级别、颜色、图案和性能应符合设计要求。

2）饰面砖粘贴工程的找平、防水、粘结和勾缝材料及施工方法应符合设计要求、国家产品标准及施工规范的规定。

3）饰面砖粘贴必须牢固、无空鼓、无裂缝。

（2）一般项目

1）饰面砖表面应平整、洁净、色泽一致，无裂纹和缺损。

2）饰面砖非整砖使用部位应合理且符合设计要求，非整砖尺寸不宜小于整砖的1/2。

3）墙面凸出物周围的饰面砖应整砖套割吻合，边缘应整齐。墙裙、贴脸等上口平直，凸出墙面的厚度应一致。

4）饰面砖接缝应平直、光滑，填嵌应连续、密实；宽度、深度、颜色应符合设计要求。

5）饰面砖粘贴的允许偏差和检验方法应符合表1-17的规定。

饰面砖粘贴的允许偏差和检验方法 表 1-17

序号	项目	允许偏差（mm）	检验方法
1	立面垂直度	2	用 2m 垂直检测尺检查
2	表面平整度	3	用 2m 靠尺和塞尺检查
3	阴阳角方正	3	用直角检测尺检查
4	接缝直线度	2	拉 5m 线，不足 5m 拉通线，用钢直尺检查
5	接缝高低差	0.5	用钢直尺和塞尺检查
6	接缝宽度	1	用钢直尺检查

7. 成品保护

（1）及时清擦干净残留在门框上的砂浆，铝合金等门窗宜粘贴保护膜，预防污染、锈蚀，施工人员应加以保护，不得碰坏。

（2）合理安排施工顺序，专业工种（水、电、通风、设备安装等）应施工在前面，防止损坏面砖。

（3）油漆粉刷时注意不得将油漆喷滴在已完工的饰面砖上，如果面砖上部为涂料，宜先做涂料，然后贴面砖，以免污染墙面。若需先做面砖时，完工后必须采取贴纸或塑料薄膜等保护措施，防止污染。

（4）搬、拆架子时注意不要碰撞墙面。

（5）装饰材料和饰件以及饰面的构件，在运输、保管和施工过程中，必须采取措施防止损坏。

8. 应注意的问题

（1）墙面不平整、砖缝不匀：施工时对基层处理不够认真，抹灰控制点少，造成墙面不平整。弹线、选砖、排砖不细，面砖的规格尺寸不一致，操作不当等造成砖缝不匀。应把选好相同尺寸的面砖镶贴在同一面墙上。

（2）阴阳角不方正：打底子灰时不按规矩吊直、套方找规矩所致。

（3）墙面污染：勾完缝后砂浆没有及时擦净或由于其他工种和工序造成墙面污染等。可用棉纱蘸清洗剂刷洗，注意控制清洗剂浓度，最后用清水冲净。

9. 墙砖拼接节点图

见图 1-282～图 1-285。

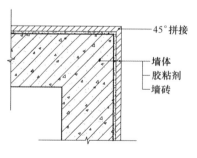

图 1-282 墙砖阳角拼接节点图

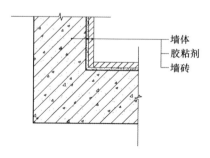

图 1-283 墙砖阴角拼接节点图

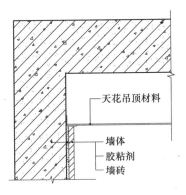

图 1-284　墙砖与吊顶天花拼接节点图

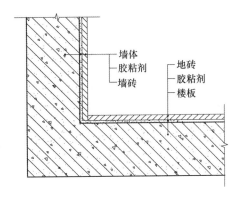

图 1-285　墙砖与地砖拼接节点图

1.3.3.8　地砖拼贴安装图解

1. 物料清单

物料：地砖、瓷砖胶粘剂、填缝剂。

要求：与墙砖要求相同。

2. 安装工具

皮锤、切割机、卷尺、水平尺、墨斗。

3. 作业条件

与墙砖要求相同。

4. 施工基本流程

找起铺点—纵横牵线—胶粘剂搅拌—涂胶—贴砖—贴门踏板—贴踢脚线—填缝。

5. 施工步骤

（1）找起铺点

1）仔细对照现场和设计图纸。

2）再一次核对标高，允许在公差范围内调整。

3）找出起铺点。

4）确定好排水方向。根据排水坡度计算出面砖最低点的高度，标记在墙上。见图 1-286。

（2）纵横牵线

1）测量房间的长宽尺寸，计算瓷砖用量。应注意砖的套裁。一块砖在同一个方向一般可以裁成 2 块使用，而不宜裁成 3 块。

2）根据起铺点和砖的大小纵横牵线。

3）瓷砖与墙边要留有 5～8mm 的缝隙，用来满足瓷砖安装时移动、调整的需要。见图 1-287。

（3）胶粘剂搅拌

搅拌好的砂浆应在规定的时间用完。

1）按照材料说明，将胶粘剂的干粉料倒入盛有适量清水的桶中，搅拌至膏状，获得合适的稠度。

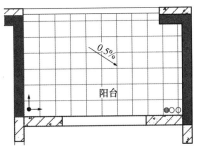

图 1-286　找起铺点

图 1-287 纵横牵线

2）停止搅拌，让砂浆熟化约 3min，在涂抹前再次短暂搅拌。

（4）涂胶

1）将瓷砖胶粘剂倒在地面找平层起铺点的位置，然后使用一个齿形抹刀来抹开，依据瓷砖大小和胶粘剂类型梳理出 2～15mm 厚的薄层砂浆。

2）每次只抹适量胶粘剂，以便在开放时间内在砂浆层上全部粘贴上瓷砖。当瓷砖胶表面已经干化，不能用水再润湿，而应铲除。

3）开放时间的长度应事先查看产品说明。

（5）贴砖

在安装期间，应时常检查那些已铺好的砖，及时做出修改。

1）将砖铺到已涂胶的找平层上，砖上楞略高出水平标高线，找正、找直、找方后，用橡皮锤轻轻拍实，使其牢固粘结在基面上。

2）铺完 1 行或 2 行后，根据实际情况移动控制线。继续铺贴时不得踩在已铺好的瓷砖上，应退着操作。

3）铺贴时应根据设计要求，留出砖的缝隙（用十字定位卡），当设计无规定时，紧密铺贴缝隙宽度不宜大于 1mm。

4）与地漏、立管相接处，用砂轮锯将砖加工成与地漏、立管相吻合。见图 1-288。

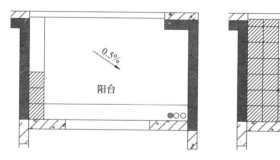

图 1-288 贴砖

（6）贴门踏板

在门洞口如设计标明有门踏板，应按照设计节点与地砖同时铺贴。

（7）贴踢脚线

1）踢脚板的立缝应与地面缝对齐。

2）在砖背面朝上抹粘结砂浆，使砂浆粘满整块砖为宜，及时粘贴在墙上，立即拍实，随之将挤出的砂浆刮掉，将面层清擦干净。

3）应注意门洞的装修方法，预留门套线的安装尺寸，以免返工。踢脚线用砖，采用与地面块材同品种、同规格、同颜色的材料。见图 1-289。

（8）填缝

1）在铺贴瓷砖后，应该清理缝隙的瓷砖胶等杂物，使其深度与瓷砖厚度一致。

2）应在基材完全干透、硬化后才能填缝。

3）按照填缝剂的使用说明，按比例将干粉倒入盛有水的桶中，适当搅拌至合适的稠度。搅拌砂浆时每次用水量应一致，以免因用水量不同造成色差。

4）填缝时应沿着缝隙方向，用橡胶水泥铲将填缝剂压入缝隙。

5）当填缝剂硬化到足够的程度后（使用手指测试），使用轻微湿润的海绵或擦布擦除多余的填缝剂砂浆。注意不要将缝隙表面的砂浆擦掉。

图 1-289　贴踢脚线

6. 注意事项

（1）施工期间，应保证足够的光线和照明，以便看见砖上的细微瑕疵，特别是角位突出的位置。

（2）铺地砖时最好一次铺一间，整间一次连续操作。如果房间大，一次不能铺完，需将接槎切齐，余灰清理干净。大面积施工时，应采取分段、分部位铺砌。

（3）如遇高温干燥天气，应提前湿润地面并晾干至无明水。

（4）合适的瓷砖胶粘剂厚度为 2～5mm（根据瓷砖类型而定）。

（5）在铺贴过程中要注意瓷砖表面的保护和清洁，不能在刚贴好的面层上进行切割等操作。表面有污迹时，要随时擦干净。

（6）操作过程中不要碰动各种管线，也不得把灰浆和砖块掉落在已安完的地漏管口内。

（7）碎片、废料不得由窗口向外乱扔，应集中外运处理。

（8）切割瓷砖时应注意安全。

7. 质量检验标准

（1）面层与下一层的结合（粘结）应牢固，无空鼓。

检验方法：用小锤轻击检查。

（2）砖面层的表面应洁净、图案清晰，色泽一致，接缝平整，深浅一致，周边顺直。板块无裂纹、掉角和缺楞等缺陷。

检验方法：观察检查。

（3）面层邻接处的镶边用料及尺寸应符合设计要求，边角整齐、光滑。

检验方法：观察和用钢尺检查。

（4）踢脚线表面应洁净、高度一致、结合牢固、出墙厚度一致。

检验方法：观察和用小锤轻击及钢尺检查。

（5）面层表面的坡度应符合设计要求，无积水；与地漏、管道结合处应严密牢固。

检验方法：观察、泼水或坡度尺及蓄水检查。

（6）面层允许偏差和检验方法。

1.3.3.9　内墙腻子施工图解

1. 安装工具

扫帚、批刀、灰铲、水桶、灰桶、电动搅动棒、阴角抹子、粗砂纸、细砂纸、2m 铝合金靠尺、美纹纸、滚筒刷、羊毛刷、托盘。

2. 内墙腻子作业条件

（1）施工前必须先对墙面、天花进行检验。达到以下要求（表 1-18）方可进行施工。

施工前满足的条件 表 1-18

序号	项 目	允许偏差（mm）	检验方法
1	接缝处高差	≤3	
2	平整度	≤3	2m 检测尺、楔形塞尺
3	拼缝	无	PK 盒已缝补，PC 板拼缝已经处理完成
4	PC 板	无	无吊钩、钢筋外露

（2）施工环境温度大于5℃。

（3）基层必须干燥。

（4）施工前必须了解墙面、天花的装饰方法，比如有无吊顶、棚角线等，了解踢脚线的高度等，以便确定施工范围。以上范围内的空间，如果没有特殊说明，不需要做任何基层处理。

3. 内墙腻子施工流程

基层处理—做阴阳角—PC 拼缝处理—腻子灰搅拌—批第一遍腻子—打磨—批第二遍腻子—打磨。

4. 施工步骤

（1）基层处理

1）基层清理、找平：用腻子将墙面不平的地方抹平。同时清除墙面的污垢、浮浆、灰尘、PC 板的鼓包、错台或漏浆、凹凸部分要剔除。如表面有油污，应用清洗剂和清水洗净，干燥后再用棕刷将表面灰尘清扫干净。

2）玻纤网格布补缝：PC 板拼缝处先用水泥＋腻子＋双飞粉＋108 胶抹平，然后粘贴玻纤网格布压紧起抗裂作用，最后再批白水泥＋腻子＋双飞粉＋108 胶抹平。

配比：双飞粉，70％；水泥，20％；腻子，10％；加适量 108 胶搅拌至合适的稠度。

3）阴阳角处理：先在墙外用石灰和腻子把墙角抹平；门窗洞口缝处墙面的阴、阳角处粘贴护角条（图 1-290），并均匀用力贴在未干的面上，使腻子从圆孔中溢出，再抹平，注意接点对齐对直，不能出现凹凸的现象（图 1-291）注意护角网应贴紧墙体，如有松动用钉

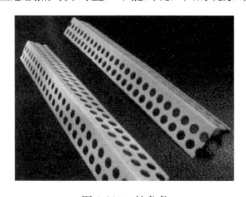

图 1-290 护角条

图 1-291 阳角处理

子或嵌缝膏固定，此时护角网隐隐可见，再刷一层砂浆（腻子）并抹平，待其自然风干后，用砂纸稍微打磨，经过处理后的阴阳角可以有效地增加墙角的抗冲击性，防止墙角开裂。

（2）腻子灰搅拌

按照材料说明，将腻子粉＋适量清水调好，搅拌。以泥刀提起浆料不流淌为适合的粘度。见图 1-292。

（3）批第一遍腻子

满刮第一遍腻子，要求横向刮抹平整、均匀、光滑，密实，线角及边棱整齐。尽量刮薄，厚度为 0.5～1mm，不得漏刮，接头不得留槎。见图 1-293。

图 1-292　腻子灰搅拌　　　　　　　　　　　图 1-293　批第一遍腻子

注意：尤其注意踢脚线位置及门套位置的平整度及垂直度。

（4）打磨

待第一遍腻子干透后，用粗砂纸打磨平整。注意操作要平衡，保护棱角，阴阳角可略磨圆，保持顺直。见图 1-294。

（5）重复（3）、（4）步骤

满刮第二遍腻子，方法同第一遍，但刮抹方向与前一遍腻子相垂直。然后先用粗砂纸打磨平整，最后用细砂纸打磨平整光滑为准，无刮刀痕迹，并把粉尘扫净达到表面光滑平整，总厚度控制在 1mm。见图 1-295。

图 1-294　打磨　　　　　　　　　　　　　图 1-295　批第二遍腻子

（6）自检

在施工过程中，操作者要及时自检，包括检查平整、刮痕等，以便及时修补。见图

1-296、图 1-297。

图 1-296 检查横向平整度

图 1-297 检查纵向平整度

5. 质量检验标准

（1）腻子面层应与基层（基底）粘结牢固且色泽一致。

（2）成活的腻子表面应光滑洁净，不得有脱皮开裂、错接、刮痕、气孔、留痕、污迹、不平整。注意不要沾污门窗框及其他部位，否则应及时清理。

（3）允许偏差及检验方法见表 1-19。

内墙腻子的允许偏差和检验方法 表 1-19

序号	项目	允许偏差（mm）	检验方法
1	表面平整	≤2	2m 检测尺、楔形塞尺
2	阴阳角垂直	≤2	
3	阴阳角方正	≤2	
4	立面垂直	≤2	

（4）阴阳角应平直成角，不应出现凹凸不平、扭曲等现象，阴角、阳角允许偏差见图 1-298、图 1-299。

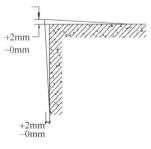

图 1-298 阳角接缝

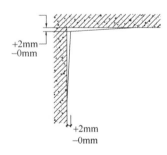

图 1-299 阴角接缝

（5）门窗洞口、踢脚线上口、开关插座、消防箱、装饰线条、与其他材料交接处的周边必须平整、垂直、方正。

1.3.3.10 内墙涂料安装图解

1．内墙涂料作业条件

（1）前期满刮腻子两遍处理完成作业，基层必须干燥、清洁、牢固，达到涂料施工要求。

（2）要上墙的表面要求全无油脂、尘污和松散物质。

（3）施工环境温度大于5℃。

2．内墙涂料施工流程

墙面检测—涂料稀释—底层涂料—面层涂料。

3．施工步骤

（1）墙面检测

检测墙面平整度时，要求检测工具干净，以免沾污到已批腻子的墙面。用尺或其他检测工具检测墙面是否达到水平。滚刷涂料前如发现有不平整之处，需用腻子补平磨光。见图1-300。

（2）涂料稀释

涂料使用前用电动搅拌枪搅拌均匀。涂料稠度较大时，可适当加清水稀释，但每次加水量需一致，不得稀稠不一。将适量涂料倒入托盘，准备底层涂刷。已稀释的涂料不要倒入原包装内。见图1-301。

图1-300　墙面检测　　　　　　　　图1-301　涂料稀释

（3）底层涂料

底漆施工为一遍（多乐士封闭底漆A924-65972）。要求厚薄均匀，防止涂料过多流坠。滚子涂不到有阴角处，需用毛刷补充，不得漏涂。要随时剔除粘在墙上的滚子毛。滚子应横向涂刷，然后再纵向滚压，将涂料赶开，涂平。滚涂顺序一般为从上到下，从左到右，先远后近，先边角、棱角、小面后大面。见图1-302。

（4）面层涂料

面漆施工为两遍（内墙涂料体系一，罩光清漆A879）。一面墙要一气呵成。避免接槎刷迹重叠现象，沾污到其他部位的涂料要及时用清水擦净。面层滚涂顺序与底层顺序相同，面层滚涂完成后应达到一般乳胶漆高级刷浆的要求。并保持墙面整洁，做好墙面保护。见图1-303。

图 1-302 底层涂料

图 1-303 面层涂料

4. 质量检验标准

（1）检查色彩是否正确（包括准确性和一致性）。

（2）检查有无滴漏、涂刷是否均匀。

（3）检查是否有明显刷痕，滚涂纹理是否突出、均匀、一致、美观。

（4）检查表面是否光洁，有无起粒、划痕、缺损等。

（5）检查分割线、装饰线、分色线是否平直（偏差不允许超过 1mm）、美观。

（6）检查是否有返碱、咬色现象。

（7）检查是否有漏刷、透底现象；

（8）检查是否有掉粉、起皮现象；

（9）检查是否有污染和被污染现象。

详细要求见表 1-20。

内墙涂料施工质量检验标准 表 1-20

序号	要　　求	检测工具	检验方法
1	表层无起皮、起亮鼓泡，无明显透底、色差、泛碱、返色，无砂眼、流坠、粒子等	目测、手感偏差用精度为 1mm 的钢直尺	应在涂料实干后进行，距 1.5m 处正视
2	涂装均匀、粘结牢固，无漏粉、掉粉		
3	分色线偏差不大于 2mm		

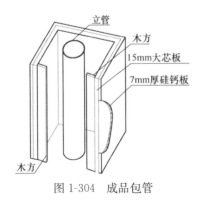

图 1-304 成品包管

1.3.3.11 成品包管安装图解

1. 各部件名称

成品包管系统包含：成品包管材料（预加工好的硅钙板与夹板）、打底木方、阳角铝合金角、阴角纸、膨胀螺栓、自攻钉等。见图 1-304。

2. 安装工具

冲击钻、充电钻、无齿锯、钢锯、射钉枪、刨子、螺丝刀、线坠。

3. 成品包管安装

（1）施工基本流程：划线—墙体钻孔—安装打底木方—固定产品—连缝处理。

（2）根据设计、管道预留等在需要安装包管的位置使用线坠等工具划线，标记安装位置。

（3）墙体钻孔：使用冲击钻，在需要安装木枋的地方钻孔。并打入膨胀螺栓。见图1-305。

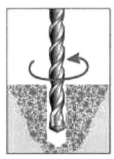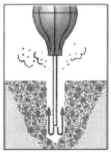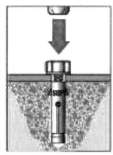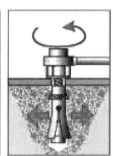

图1-305 墙体钻孔

（4）固定打底木方

根据包管定位空间就内侧在合适位置以螺栓固定好打底木方。见图1-306。

（5）固定包管：将夹板预加工好以自攻钉固定到打底木方上。

（6）将硅钙板贴到夹板上，自攻钉固定。

（7）阳角加阳角铝合金，阴角加阴角纸收口。

（8）包管完工如图1-307所示。

4. 验收标准

见表1-21。

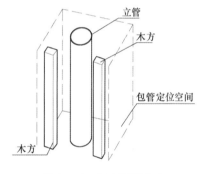

图1-306 固定打底木方

成品包管安装验收标准
表1-21

序号	项目	允许偏差（mm）	检验方法
1	立面垂直度	≤2	2m垂直检测尺检查
2	表面平整度	≤2	2m靠尺、塞尺检查
3	阴阳角方正	≤2	直接检测尺检查
4	接缝高低差	≤2	钢直尺、塞尺检查

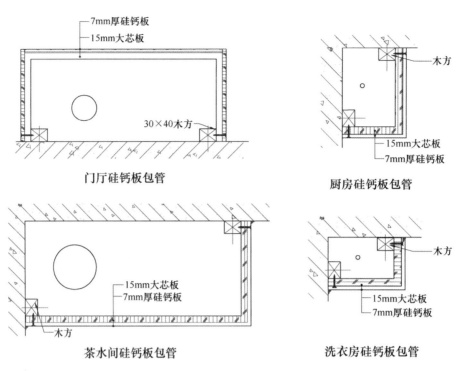

门厅硅钙板包管

厨房硅钙板包管

茶水间硅钙板包管

洗衣房硅钙板包管

图 1-307　成品包管完工图

1.3.3.12　浴室安装图解

1. 各部件名称

（1）各部件名称见图 1-308。

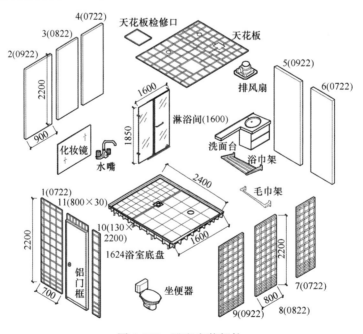

图 1-308　浴室安装部件

（2）注意墙板编号，以整体浴室平面图为准。

（3）实际安装时应主要参照每套浴室包装内所附的平面图、立面图。

2. 安装工具

充电钻、水平尺、一字起、十字起、平口钳、尖嘴钳、水泵钳、管子钳壁纸刀、胶锤、锯刀、专用扳手、活扳手、玻璃胶枪、试电笔。

3. 底盘预加工

（1）底盘出厂已开好相应孔位，如图1-309所示，预埋在PC楼板上时，需在预

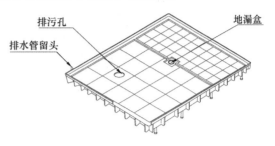

图 1-309　浴室底盘

埋前将地漏盒、排污法兰、洗面台排水管先安装到底盘上，并做好防漏、防堵措施。

（2）排污法兰的安装，见图1-310～图1-313。

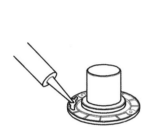

图 1-310　清理排污法兰下表面及周边灰尘并均匀涂上玻璃胶

图 1-311　将排污法兰扣入排污孔内

图 1-312　将坐便器安装螺栓固定在相应孔中

（3）底盘地漏（地漏排水是由PVC管φ50及配件组成）的安装

1）地漏：将地漏包装盒拆开，将地漏的零部件依次摆放好。见图1-314（直排/横排根据设计选用）。

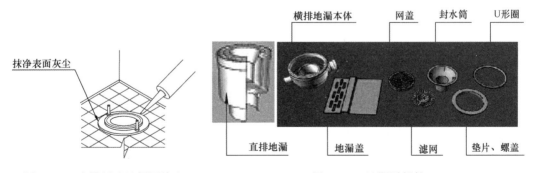

图 1-313　在排污法兰周围涂上一圈玻璃胶并抹平

图 1-314　地漏零部件

2）先将地漏本体一端按图1-315所示，连接排水管到卫生间原始的排水管处，排水坡度1.5%～2.5%（图1-316）。

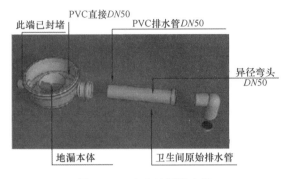

图 1-315　底盘地漏的安装　　　　　　　　　　图 1-316　接管后的地漏本体

3）将 U 形圈嵌入地漏孔洞周边，安装要紧贴、平整，见图 1-317（图中黑色圈部分为 U 形圈）。

4）将地漏的垫片（透明）放在底盘地漏孔的黑色 U 形圈上，用螺盖拧入地漏本体，把地漏本体、底盘的地漏盒连为一体。见图 1-317。

5）依次放入封水筒、滤网、网盖，见图 1-318。

图 1-317　U 形圈嵌入地漏孔洞周边　　　　　图 1-318　依次放入封水筒、滤网、网盖

6）地漏盖板收好，现场完成浴室安装时再将地漏盖板盖上，见图 1-319。

7）预装好后的底盘地漏及排污管加套管及堵头保护，防止 PC 楼板浇筑时混凝土堵住排水管。见图 1-320（底盘背面）。

图 1-319　盖上地漏盖板　　　　　　　　　　图 1-320　加套管及堵头保护

4. 面盆排水管安装——穿墙板接底盘地漏

面盆排水管是由 PVC 管 φ32 及配件组成。其中接底盘地漏部分已由工厂安装好，见图 1-321。

（1）找到面盆排水管 φ32，将弯头一端与图 1-322 内的 PVC 管相连，排水管与底盘面垂直。连接好后的尺寸应符合图 1-322 要求。

图 1-321　接底盘地漏部分

图 1-322　连接后尺寸要求

在后面冷热水管安装时，可用连接好的墙板 2、3、4 来检验此孔是否准确。方法：将组合墙板 2、3、4 摆放到底盘上正确的安装位置，看墙板 2 上的 φ50 孔是否与图 1-322 中排水管弯头的中心对齐。

（2）面盆排水的安装贯穿墙板的安装过程。

1）找到墙板 2、3、4，将它们按本套整体浴室平面图提供的顺序拼接在一起，并将反面的加强筋按墙板加强筋分布图装好。面盆排水此步骤应在墙板固定在底盘上后再做，见图 1-323。

2）从包装箱中找出相关配件（洗面盆出水口接口 1 个，含密封圈 2 个、垫片 1 个）。

3）按图 1-324 将接口穿过墙板上距离地面 450mm 高的 φ50 孔，与图 1-322 中排水管弯头的接口连接在一起。注意密封圈、垫片的位置，见图 1-324 中 A 处。

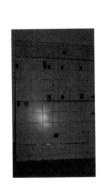

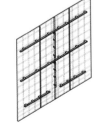

图 1-323　墙板拼接

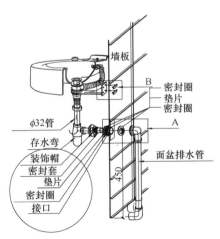

图 1-324　接口穿孔、连接

（3）面盆排水的安装贯穿洗面盆的安装过程。

安装好洗面盆后，将存水弯上的支管插入接口，然后将密封套塞入接口，再将装饰帽推到紧靠墙板。

此步骤应在底盘、墙板、天花全部安装后再做。

（4）检查各处接头，确保安装到位。

5. 冷热水给水安装

（1）还是在已连接好的墙板 2、3、4 上进行安装。组装好的墙板先不要固定在底盘上。见图 1-325。

（2）在墙板 3 距底端 630mm 高度处，有两个并排的 ϕ22 孔。按照左热右冷（面向墙板正面）的原则，将冷水管（蓝色）、热水管（红色）的外牙三通、外牙弯头一端分别从墙板背面穿过上述两孔，见图 1-326。

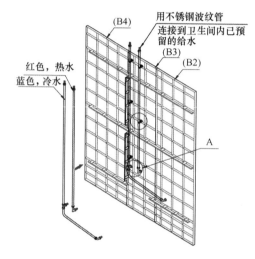

图 1-325　冷热水给水安装（1）

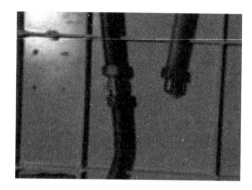

图 1-326　冷热水给水安装（2）

（3）在墙板 2 距底端 360mm 高度处，有一个 ϕ22 孔，将冷水管（蓝色）外牙弯头一端从墙板背面穿过上述孔，见图 1-324 中 A 处。

（4）在墙板正面用塑料锁母锁住刚刚穿过墙板的三个外牙接头，防止接头退出去，见图 1-327。

（5）在墙板背面用管卡固定好水管，见图 1-328。

图 1-327　冷热水给水安装（3）

图 1-328　冷热水给水安装（4）

（6）局部等电位的连接：如果卫生间预留了局部等电位盒，则将黄绿双色线一端剥去外表层塑料胶，留下里面的铜线缠绕在冷热水管的铜质配件上，另一端接入到房子已预留的局部等电位盒。

（7）水管的另一端分别用不锈钢波纹管连接到卫生间内已预留的给水处（外牙直接）。

6. 墙板安装（加强筋、墙角连接件安装）

（1）按本套整体浴室平面图提供的墙板编号将四个方向的墙板分别用自攻钉连接成一面墙，见图 1-329。

（2）将反面的加强筋按墙板加强筋分布图装好。

（3）查看每面组合墙板 2 个竖向侧面，在边缘有孔的竖向侧面装好 5 个墙角连接件，见图 1-330。

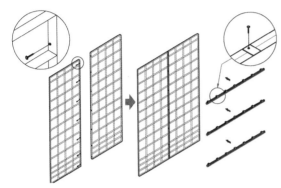

图 1-329　墙板的拼接及加强筋的固定

注：因化妆镜固定需加木方，现场化妆镜侧墙板安装前需将木方先固定到墙板上。长边长度超过 1.6m 的墙板背面需加木方钉到墙面上，保证墙板牢固。

图 1-330　装好墙角连接件

（4）将墙板从门侧顺时针或逆时针顺序安装。

（5）安装好第一组墙板后，将第二墙板卡入第一组侧向的墙角连接件内，见图1-331、图 1-332。

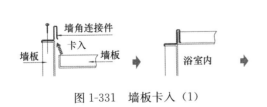

图 1-331　墙板卡入（1）

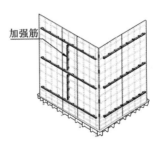

图 1-332　墙板卡入（2）

7. 平开门安装（包括门上板安装）

（1）将墙板 10 固定在门框的上方，见图 1-333。

（2）将平开门用螺钉固定在墙板上，见图 1-334。

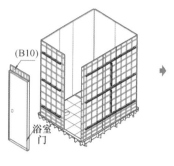

图 1-333　固定墙板

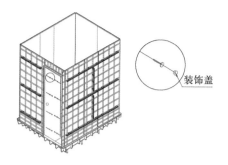

图 1-334　固定平开门

（3）盖上装饰盖。

（4）装上门锁。

8. 洗面台及水嘴安装

（1）洗面台是成品洗面台，含柜体（落地式）、台盆、台面等相关配件。

（2）洗面台安装步骤：柜体安装—摆放位置—台面、台盆安装—水嘴安装—下水安装—打胶收口固定。

（3）洗面台给水接到预留好的位置，如图 1-333 所示；以钢波纹管连接见图 1-335。

（4）台盆下水连接到预留好的排水管接口，见图 1-336。

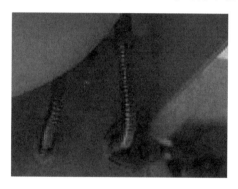

图 1-335　钢波纹管连接

图 1-336　下端接到预留下水口

（5）安装好水嘴后，打胶固定并做好防霉防腐处理。成品如图 1-337 所示（本图台柜仅供参考，以实际台柜为准）。

（6）浴室柜有暗藏灯带的，需在墙板上开好预留孔接电源。

9. 天花安装

（1）将天花板（A3）、（A4）按天花平面图的位置，进行安装前定位。

（2）取掉天花板（A3），用自攻螺钉固定天花板（A4），见图 1-338。

（3）将天花板（A3）放上去，用自攻螺钉与墙板固定，见图 1-339。

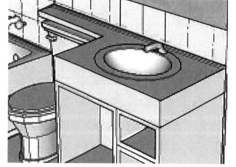

图 1-337　成品示意

（4）将天花板（A3）、（A4）按天花平面图连接到一起，见图 1-340。

（5）安装好天花加强筋（B14），见图 1-340。

（6）将天花检修口（A5）放上去。

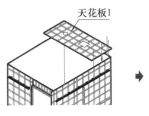 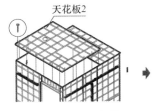 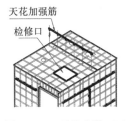

图 1-338　天花安装（1）　　　　图 1-339　天花安装（2）　　　　图 1-340　天花安装（3）

此步骤应在灯具、排气扇等安装完后再做。

10. 坐便器安装

（1）在排污法兰上垫上密封脂，见图 1-341。

（2）将坐便器对正套装在排污法兰上，稍微用力往下压，同时端正坐便器的位置。

（3）放上垫片，小心拧紧固定螺母，见图 1-342。

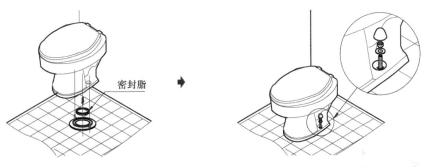

图 1-341　坐便器安装（1）　　　　　　图 1-342　坐便器安装（2）

（4）将进水管下端用不锈钢波纹管连接到墙板上的冷水外牙接头。

（5）坐便器底座打胶做好防水密封。

11. 毛巾架、浴巾架安装

（1）先将不锈钢管与架座连接好。

（2）用自攻钉紧固。

（3）盖上装饰帽，见图 1-343。

12. 置物架安装

按图 1-344 所示，安装好置物架。

 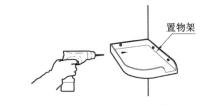

图 1-343　毛巾架、浴巾架安装　　　　　图 1-344　置物架安装

13. 淋浴间安装

（1）一字平开全玻淋浴间详见图 1-345。

（2）淋浴间安装首先安装固玻，并将天地龙骨连杆连接到固玻上，见图 1-346。

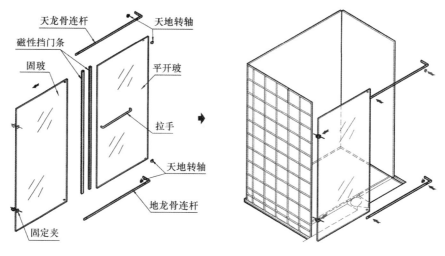

图 1-345　淋浴间安装（1）　　　　　　图 1-346　淋浴间安装（2）

（3）将天地转轴分别固定到连杆和平开玻上，将平开玻固定到转轴上，见图 1-347。

（4）安装拉手、挡门条等，完成淋浴间的安装，见图 1-348。

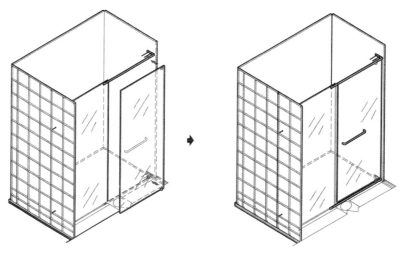

图 1-347　淋浴间安装（3）　　　　　　图 1-348　淋浴间安装（4）

14. 筒灯安装

见图 1-349。

15. 排气扇安装

见图 1-350。

16. 化妆镜安装

（1）在墙板上根据化妆镜安装位置钉上加固木方（在墙板安装时同时进行），并在化

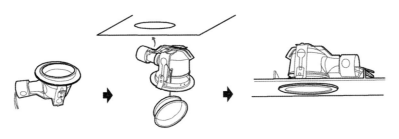

图 1-349　筒灯安装

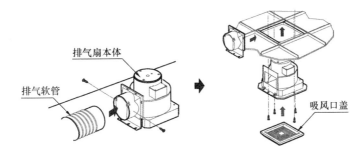

图 1-350　排气扇安装

妆镜型材及木方对应位置打上挂钩，见图 1-351。

（2）将 LED 灯带穿过预留孔接好，见图 1-351。

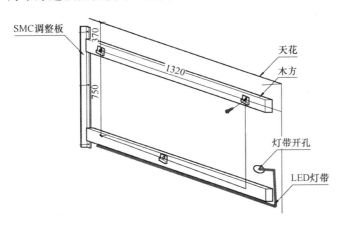

图 1-351　化妆镜安装（1）

（3）可见光侧面加墙板同色调整板遮住；防止侧面露出木方，见图 1-352。

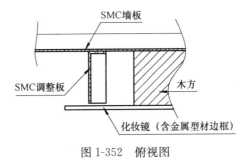

图 1-352　俯视图

（4）将化妆镜固定到墙板上，见图 1-353。

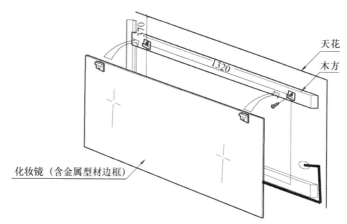

图 1-353　化妆镜安装（2）

17. 打玻璃胶及使用和维护

（1）洗面盆和墙板、墙板和天花板、墙板和墙板相接处的缝隙间应打好玻璃胶。

图 1-354　打胶

（2）打胶之前用美纹胶带纸将缝隙两侧遮住，留出适当宽度用来打胶。要求胶带纸留缝顺直，因为这将直接影响打胶后的美观。

（3）胶不可打太多，且要边打边用手沿打胶缝隙抹平，打完后几分钟胶水凝固即可。

（4）撕掉胶带纸，见图 1-354。

18. 门洞处装修处理

如想要浴室门页和家中装修风格一致，可以装上与家中相似的门及门套线，门页尺寸 2105mm×750mm×35mm。图 1-355 提供了一种

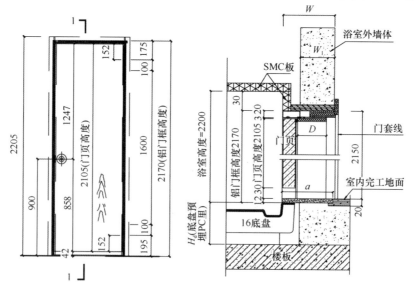

浴室门正立面

图 1-355　门洞处装修处理

门洞的最佳装修方法。先取下浴室铝门框的下框，再取下浴室配置的原门页，然后按图说明制作、安装。

说明：

（1）图中 a＝门踏板宽度；D＝半门套调整板宽度；W_1＝浴室外墙体宽度；$W＝W_1$＋浴室安装空间。

（2）此图适用于浴室底盘预埋到 PC 楼板，完工地面为 20mm 厚；配套的套装门标准高度为 2150mm；实际门套及铝门框尺寸可根据建筑设计参照本图调整。

（3）取消浴室铝门框下架；锁及合页位置按正立面图定位。

（4）门槛可以预留或现场制作；门踏板具体尺寸现场测量。

（5）图中标有数字的部件按数字循序安装。

19. 窗洞处装修处理

见图 1-356。

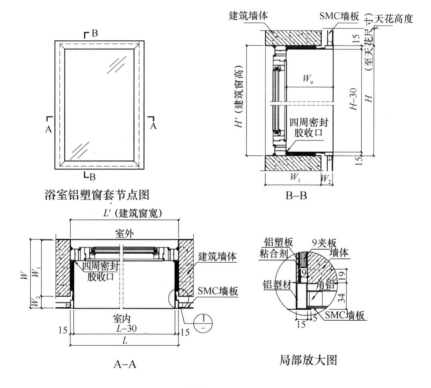

浴室铝塑窗套节点图

图 1-356

窗套加工、安装说明：

（1）铝塑窗台四周为：铝塑板＋粘合剂＋9 夹板＋调整垫木（调整垫木现场确认）；窗套型材为成品铝型材；图中 L、H 表示浴室内窗实际尺寸；W_a＝窗型材到建筑窗套型材的距离。

（2）建筑窗洞大于室内开窗时可以将铝塑板做折边遮盖处理。

（3）此图铝型材仅供参考；其他类型型材可参照此图。

（4）SMC 墙板开窗洞需根据现场实际建筑窗洞大小来开。开口线保持平整。

（5）铝塑窗套安装时需打胶固定好，安装完后打密封胶收口。

1.3.3.13 墙纸安装图解

1. 物料清单

（1）物料

墙纸、专业基膜涂料、胶水。

（2）要求

1）胶水调制比例：每一包墙纸粉 160g 加 4kg 水，为了增强粘结剂的牢固度应加入 10% 的胶；

2）调制方法：将清洁的冷水倒入桶中，并将水搅拌，再将墙纸粉慢慢加入，连续搅拌 1min，使胶粉完全溶解，放置 5min 后再搅拌 30s，此时再加入按比例配置的白胶充分搅拌均匀。

2. 安装工具

水桶、直尺、铅笔、盒尺、剪刀、美工刀、滚筒、准心锤、抹布、海绵、毛刷、刮板。

3. 作业条件

（1）前期满刮腻子两遍处理完成作业，要上墙的表面要求全无油脂、尘污和松散物质，达到墙纸施工要求。

（2）施工环境温度大于 5℃；

（3）空气相对湿度应不大于 85%。

（4）现场必须完成门套、窗套、踢脚线、吊顶、木地板、预留孔（暖气片孔、窗帘杆孔、空调孔等）。

（5）不能安装灯具、开关面板，暖气片原则上应该卸掉。

4. 工艺流程及步骤

墙面基膜—划线—裁剪墙纸—墙纸上胶—拼缝处理。

（1）墙面基膜

1）使用工具：毛长 9mm 的 7 寸羊毛辊筒。

2）稀释标准：加入墙纸基膜体积的 60% 的清水进行稀释，并充分搅拌。

3）操作方法：辊涂 2 遍，由下而上进行施工，在第一遍施工半小时后进行第二次施工。

4）作用：第一遍施工起到坚固墙体表面腻子的作用，第二遍施工可在基体表面形成保护膜。起到防潮、防霉、防碱的作用。见图 1-357。

（2）划线

从墙的一侧开始，距一定距离用线锤找出第一条垂直参照线并划上记号，保证每一张墙纸完全垂直。

图 1-357　墙面基膜

（3）裁剪墙纸

1）对花纸的长度一定要比墙面上下多预留 5cm，以备修边用。每一面独立的墙体，应检查有无色差。

2）准备裁剪工作台后，确定墙面铺贴墙纸的高度，以确定一卷壁纸能裁成几幅。

3）裁剪后在墙纸背面做好顺序标记，并按顺序整理放好。

（4）墙纸上胶

1）利用即将上墙的墙纸水平靠墙面顶端，找准垂直线并用铅笔在墙面标记。

2）滚筒涂胶时朝同一方向滚，不能来回滚刷，以免使壁纸褶皱。

3）将上好胶的壁纸靠近垂直线，用手轻轻移动壁纸，直至壁纸边缘与垂直线完全紧贴，再用刮板均匀修饰墙面。见图 1-358。

（5）拼缝处理

1）刷胶时，尽量不使胶水溢出壁纸表面，如有溢出，应马上用白毛巾或海绵擦拭。

2）用刀挑开接缝，用专用小毛刷小心地从上到下，涂上胶水，其次，用刮板尖端 1cm 处与墙面成 30°角轻轻压平接缝即可。见图 1-359。

图 1-358　墙纸上胶

图 1-359　拼缝处理

5. 验收标准

（1）接缝是否对齐，翘边。

（2）是否有气泡。

（3）是否出现图案不吻合。

1.3.3.14　橱柜安装图解

1. 各部件名称

见图 1-360。

2. 安装工具

（1）电动工具：电锤钻、手动电钻、曲线锯、切角锯、打磨机、抛光机。

（2）手动工具：扳手、水平尺、玻璃胶枪、手钳、十字改刀、一字改刀、榔头、卷尺、橡

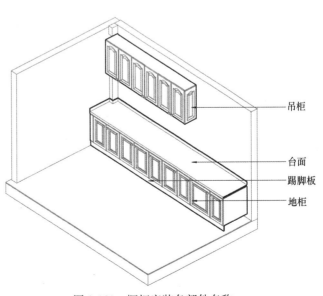

吊柜

台面

踢脚板

地柜

图 1-360　橱柜安装各部件名称

皮锤。

（3）消耗品：开孔器、钻头、铅笔、玻璃胶、锡箔纸、502快干胶、地毯、各型号砂纸、中性硅酮胶。

3. 安装前准备工作

（1）检查、清理现场

1）确认图纸与现场是否一致。

2）检查进水、下水、煤气管的位置是否正确，消毒柜、烟机电源位置是否正确。

3）检查地砖、墙砖是否有缺陷（如开裂等），如有缺陷，应及时记录并与现场管理方确认。

4）将厨房中的杂物及与安装无关的物品清理出现场。

（2）放置工具箱

进厨房后将安装工具箱放置于门边靠墙角处，首先取出垫布铺在地上，然后将工具放在垫布上。注意：安装技师出发前一定要自查，以防止工具箱、垫布不整洁，工具零乱不整齐，零部件放置杂乱、肮脏等。

4. 安装柜体

（1）打开包装

1）按照安装顺序将货物排列好，尽量现场开封包装。

2）组装柜体时应注意轻拿轻放，避免刮伤厨房内的成品，同时避免损伤橱柜柜体。注意：在拆开包装纸铺垫在厨房地面上，避免安装过程中散落的五金件划伤地面。见图1-361。

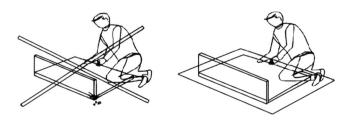

图 1-361　打开包装

（2）组装顺序

测量厨房地面的高低水平情况，根据情况选择安装点。为方便调节，L形、U形橱柜应从转角处向两边延伸，因此，凡此两种形式的产品，应先拆开转角处的柜体开始组装。

（3）安装柜体

1）柜体的安装顺序

见图1-362、图1-363。

2）木销、偏心件、连接杆的正确安装方法及注意事项

安装方法：先将木销插在侧板（或装有连接杆的板件）上，确认木销露出部分不得超过10mm，再将装好木销的侧板准确地与地板进行连接。

注意事项：注意孔位与孔位之间的偏差。木销与孔位的错位误差如在2mm以内，可用美工刀适当修正木销；如误差超过2mm，不得强行安装，应将板件置于一旁，待后期检查后向现场管理人员汇报。

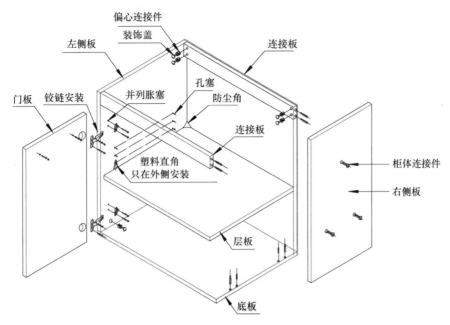

图 1-362　橱柜地柜安装示意

注：
1）本图以标准双门地柜为例。
2）装饰盖及孔塞、防尘角不得漏装。
3）柜体连接使用专用柜体连接件。

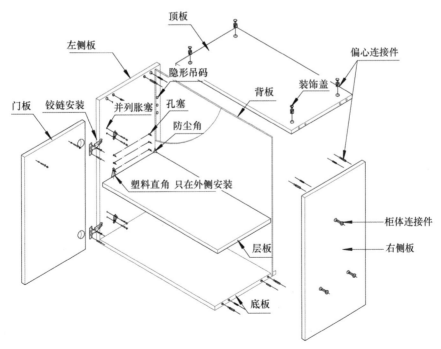

图 1-363　橱柜吊柜安装示意

注：
1）本图以标准双门吊柜为例。
2）装饰盖及孔塞、防尘角不得漏装。
3）柜体连接使用专用柜体连接件。

3）背板的安装方法

用自攻螺丝钉固定背板。

4）地脚的安装方法及注意事项

橱柜底柜均为侧包底（消毒柜除外），地脚的底座呈鸡蛋圆形，为减轻侧板的压力，地脚底座尖头部分必须伸出在底板外侧，且不超过侧板。见图1-364。

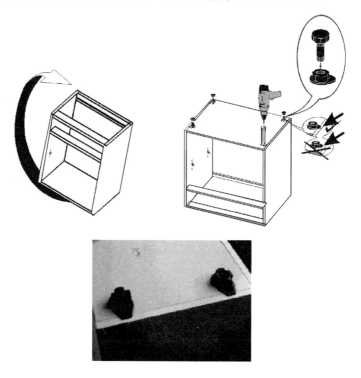

图1-364 地脚的安装方法

注意事项：橱柜最外侧不靠墙时，为保证地脚安装顺序，鸡蛋形底座的尖头端向内。

宽度超过800mm的柜体、800～1000mm的柜体应在底板的中心增加1个地脚；1m以上的柜体，应在底板中心的前后端各增加一个地脚，左、中、右地脚应在同一条直线上。

（4）摆放、连接柜体

1）不同形状柜体的摆放顺序

L形柜体：从转角处向两边延伸。

U形柜体：选定一个转角，再向两边延伸。

2）柜子摆放完毕后，测试厨房内的地面水平，找出最低点和最高点，从厨房地面最高端开始，调整柜体地脚，调至最低端，保持柜体在一个水平面上。或从转角处向两端调。见图1-365。

3）确认柜体水平后，用螺钉连接柜体，5mm的钻头在侧板上打出连接孔，用自攻螺钉将柜体连接，连接时，尽量保证两侧板完全重合，如存在公差，则需保证顶端和前端在同一平面上。见图1-366。

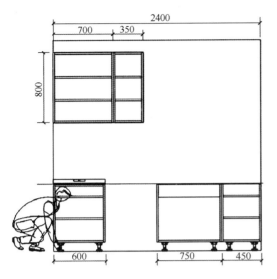

图 1-365 保持柜体在一个水平面上

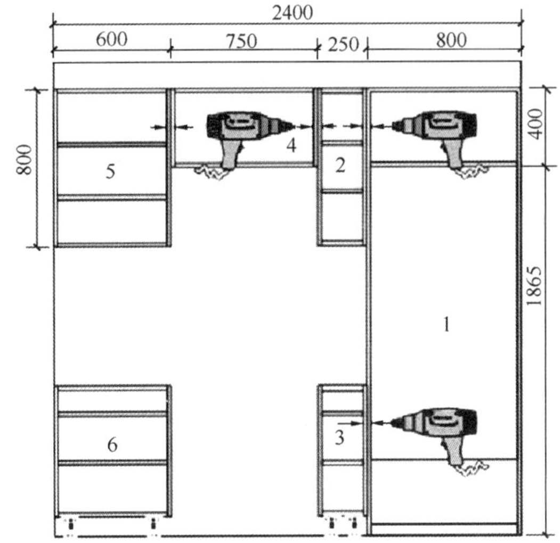

图 1-366 打连接孔

（5）安装吊柜

1）安装吊柜前，用搁板测试墙夹角情况，注意墙夹角小于90°时的安装方法。

2）吊码安装时需要注意方向（不能左右放错），同时应注意敲击力度，避免损伤吊码，安装背板时注意开缺方向，开缺方向应向吊码处。见图1-367。

3）先确定高度，应完全按照样板房标准和图纸标注高度安装。

4）确定好高度后，依据高度确定挂片安装。见图1-368。

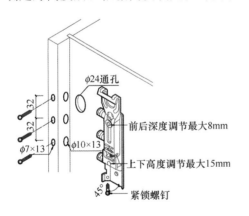

图 1-367 吊码的安装调节方式

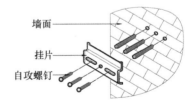

图 1-368 挂片安装方式

（6）安装门板

1）橱柜门板应单独包装，应注意轻拿轻放，避免划伤。

2）安装注意事项：

将门板上牢在柜体上，注意门铰座子孔位置是否正确，如有不对，应自行改动；门板安装完毕后，门板应与柜体底板在同一平面上，如预留的孔位有误差，应重新钻孔，确保门板与底板齐平，保证成品安装后的视觉效果。

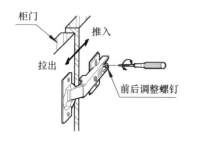

前后间隙调整 🔲

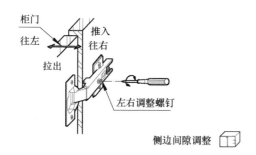

侧边间隙调整 🔲

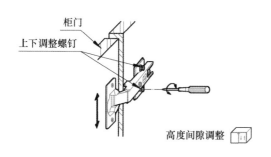

高度间隙调整 🔲

图 1-369　铰链调节控制示意

转角固定门的安装方法：将两块门板水平放置（上下整齐）—用专用门铰将两块门板连接在一起—在地柜下端另立三个支撑点（可用备用地脚）—将连接好的门板置放在支撑点上—确认门板安装位置—将门板与柜体用角铁连接。见图 1-369。

3）门板安装完毕后，需对门铰进行调节，保证门板间隙缝均匀，上下水平。门铰有四只调节螺钉，靠内的螺钉可以前后调节门板，即调整门板与柜体的间隙；靠外的螺钉可调节门板的左右位置，如门板之间的缝隙需调整，可调节此螺钉。

（7）安装调整板

（8）安装配件

1）安装抽油烟机。

2）安装消毒柜。

3）安装水槽。

（9）安装小五金件

1）安装拉手。

2）地脚线。

3）放置搁板。

5. 验收

（1）验收依据

《厨房家具》QB/T 2531—2010；材料标准表；验收原始样板；橱柜安装图纸。

（2）验收工具

卷尺、游标卡尺。

（3）厨房验收内容

1）厨房地面干净整洁，无明显水渍痕迹。地砖无划伤破损现象、无胶痕。

2）台面干净整洁，无水渍。

3）密封胶收口均匀饱满，无断层、无压塌、无溢出、无污渍。

4）墙面瓷砖无划伤破损、无墨线笔痕。

5）柜体干净整洁，无明显尘土、无胶痕、无墨线笔痕，柜内无废弃五金。

6）水槽柜止水箔粘贴到位，平整美观；装饰盖无漏装。

1.3.3.15　套装门安装图解

1. 各部件名称

（1）窗套：21 套（每套含 2 立窗套，1 上窗套）。

（2）套装门：6 套（每套含 1 门页、2 立门套、1 上门套、1 门锁、1 门吸、3 合页）。

（3）浴室门页：3 樘。

（4）半门套：6 套（每套含 2 立门套、1 上门套）。

（5）检修门：1 套（含 1 门页、1 门框、2 十字隐藏铰链、1 按钮锁）。

2. 安装工具

电锤、木工榔头、刨子、平锉、细齿锯（钢锯）、螺丝刀、角尺、卷尺、吊线锤、水平尺、电钻、开孔器、戳子、相应规格钻头。

3. 安装步骤

（1）作业条件

1）木门必须采用预留洞口的安装方法，严禁边安装边砌口。

2）木门需在洞口地面工程（如地砖、石材）安装完毕后，同时在墙面腻子刮完并打磨平整后（墙面需贴墙砖、石材处的洞口，需全部贴齐洞口侧边），方可进行安装作业。

3）安装洞口墙体湿度小于 25%，若湿度超过 25%，应在安装墙体上做好防潮隔离层。

4）安装现场环境整洁、无杂乱、无交叉作业。见图 1-370。

图 1-370 门洞尺寸复核及作业条件检测

（2）安装

1）组装门套

先将门套和立板找出，根据背面编号对好接合口，采口要在同一平面上，在接口处涂上胶水，见图 1-371、图 1-372。

图 1-371 组装门套（1）

图 1-372 组装门套（2）

2）安装门套

将组装牢固的门套整体放进门洞内，用小木条将门套四周大致固定好，门套两面要与墙体在同一平面上，然后检查门套整体与地面是否垂直，门套顶板与两立板的两个角是否直角，门套立板有无弯曲（图 1-373）。

用两端塑料胶带保护的龙骨木方支撑门洞，让胶充分固定（图 1-374）。

图 1-373 安装门套（1）

图 1-374 安装门套（2）

3）安装门页

①固定下方的合页，将门扇靠到套板上，尺寸符合后螺栓固定。

②运用杠杆原理将门抬起来，固定上合页，连接门扇和套板。

③调节。通过上面的安装高度和左右来调节，若调节不到位，则需再调节，直到达到图纸要求安装尺寸。见图 1-375、图 1-376。

图 1-375 安装门页防撞条

图 1-376 安装门页

4）打发泡胶

套板与墙体门洞之间的间隙，只靠木条填充和钢钉固定是不够的。发泡胶既有黏性，也有膨胀性，使得套板和门垛之间完全填充而且紧密连接在一起，形成一个整体。见图1-377。

图 1-377 打发泡胶

5）安装门套盖板

门套盖板根据尺寸 45°裁切拼装，门套盖板反面打发泡胶，门套盖板安装完成。见图1-378。

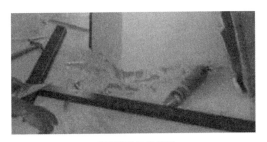

裁剪拼贴门套盖板

门套盖板反面打发泡胶

门套盖板安装完成

图 1-378　安装门套盖板

6）安装门锁

需在工厂根据样品锁开好锁孔、锁舌孔，若在现场开孔（开锁孔时间不计入安装工时）见图 1-379。

7）安装门吸

安装门吸，并安装门吸及合页上所有螺栓。

8）修补

安装完成后，需对被破坏和磕碰的油漆面漆进行修补。见图 1-380。

图 1-379　现场开孔

图 1-380　修补

4. 木门安装注意事项

（1）木门运输至现场后待装之前，水平放置，避免变形。

（2）门框和扇安装前应先检查有无窜角、翘扭、弯曲、劈裂，如有以上情况应先进行修理。

（3）门框靠砖墙、靠地的一面应刷防腐涂料，其他各面及扇均应涂清油一道封闭处理，门页及门框靠地面端做防潮处理。

（4）门框的安装应依据图纸尺寸核实后进行安装，并按图纸开启方向要求安装时注意裁口方向。

(5) 裁口一致不错位。

(6) 门扇、门锁开关灵活。

(7) 门扇左右上缝隙一致。

(8) 门套立套板垂直于地面，无弯曲现象。

(9) 门套线与墙体表面密合。

(10) 装饰表面无损伤。

5. 验收标准

(1) 外观检验：采取目测方法。

(2) 验收标准见表 1-22、表 1-23。

留 缝 限 值　　　　　　　　　　　表 1-22

项　　目		留缝限值（mm）	检 验 方 法
门页与上门套线间		1.5～4.0	塞尺
门页与竖门套线间		1.5～4.0	
门页与地面间	入户门	4.0～6.0	
	户内门	8.0～10.0	
	厨卫门	22.0～26.0	

允 许 偏 差　　　　　　　　　　　表 1-23

项　　目	允许偏差（mm）	检 验 方 法
门套内径的高度	+3.0	钢尺
门套内径的宽度	+1.5	钢尺
门套正、侧面垂直度	1.0	1m垂直检测尺
门套对角线差值	3.0	钢尺，量内角
门套与门页的高差	1.0	钢尺、塞尺
双门门页的高差	1.0	钢尺、塞尺
套线上口水平误差	竖套线≤1	钢尺
套线接口间的缝隙	≤0.5	钢尺、塞尺

(3) 含水率检验在每批产品中的半成品中按 10% 随机抽样，按《木材含水率测定方法》GB/T 1931—2009 标准的方法进行检验，或采用木材含水率测定仪进行快速检测。

1.3.3.16　假梁安装图解

1. 安装工具

电锤、充电钻、橡皮锤、无齿锯、φ20 钻头、墨斗、射钉枪、胶枪。

2. 安装流程

(1) 弹线：用一条沾了墨的线，两个人每人拿一端弹在天花板上。

(2) 打孔、安装木销。

(3) 安装木方：注意合理避让 PVC 电气套管。见图 1-381。

（4）安装假梁（杉木扣板）：并将电气预留线头在灯具位置（按图纸要求）留出，见图1-382。

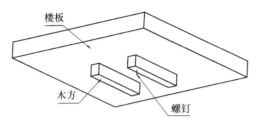

图1-381　安装木方

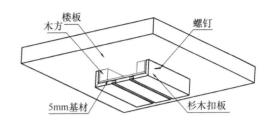

图1-382　安装假梁（杉木扣板）

（5）收口、打胶。

1.3.3.17　木质线条安装图解

1. 安装工具

电锤、小木条、锯子、刨子、锤子、射钉枪。

2. 踢脚线安装流程

（1）固定踢脚线：固定踢脚线前要对墙面进行平整、清理，否则踢脚线装上去后，不能完全贴紧墙面，会留下难看的缝隙。再用中性硅酮密封胶固定住踢脚线，见图1-383。固定时要注意踢脚线与墙面是否紧贴。

注意：无论是高分子、密度板、木材材质的踢脚线，都有热胀冷缩的特性，此靠墙角的踢脚线也应像地板一样，留出1cm左右的伸缩缝。

（2）射钉加固：用射钉枪通过射钉将踢脚线进一步加固。见图1-384。

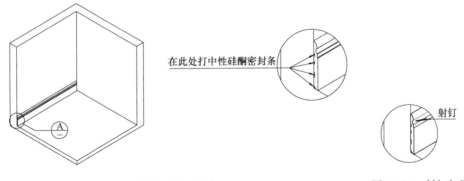

图1-383　固定

图1-384　射钉加固

（3）边角处理：墙角处、踢脚线相交的地方，踢脚线的边缘要进行45°角的裁切，这样接口处就不会留下难看的痕迹。将裁切好的踢脚线进行固定。见图1-385。

注意：墙角的踢脚线都要经过45°角的裁切后才能拼接、安装，不然会影响美观。

3. 腰线安装流程

（1）固定：用射钉枪通过射钉将腰线固定在墙板上。

（2）涂胶：在腰线的两边用胶封口。见图1-386。

135

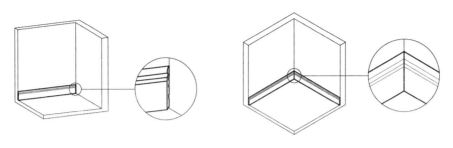

图 1-385　边角处理

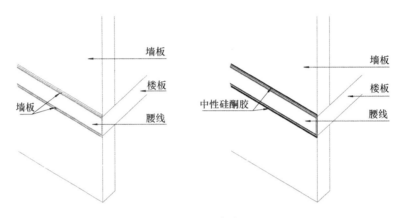

图 1-386　涂胶

1.3.3.18　复合吊顶安装图解

树脂吊顶系统（图 1-387）包含：复合吊顶天花（图 1-388）、龙骨系统、周边收口型材、膨胀螺栓、吊杆、（附装灯具）等。

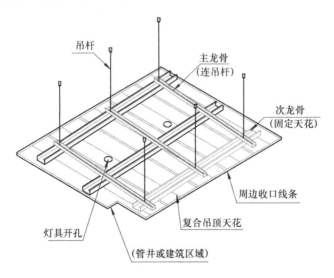

图 1-387　树脂吊顶系统

实体效果见图 1-389。

图 1-388　复合吊顶天花

图 1-389　复合吊顶实体效果

1. 安装工具

冲击钻、充电钻、无齿锯、钢锯、射钉枪、刨子、螺丝刀、线坠、角尺水平尺、墨斗。

2. 吊顶安装

吊顶安装前需保证墙面墙砖铺贴完成，各类管线、包管及预埋已经预留到位或已完成施工并验收。达到吊顶安装的要求。

吊顶安装工艺为：基层弹线—安装吊杆—安装主龙骨—安装边龙骨—安装次龙骨—安装铝合金方板—饰面清理—分项、检验批验收。

（1）弹线：根据楼层标高水平线，按照设计标高，沿墙四周弹顶棚标高水平线，并找出房间中心点，并沿顶棚的标高水平线，以房间中心点为中心在墙上画好龙骨分档位置线。

（2）安装主龙骨吊杆：在弹好顶棚标高水平线及龙骨位置线后，确定吊杆下端头的标高，安装预先加工好的吊杆，吊杆安装用 $\phi8$ 膨胀螺栓固定在顶棚上，吊杆选用 $\phi8$ 圆钢，吊筋间距控制在 1200mm 范围内。见图 1-390。

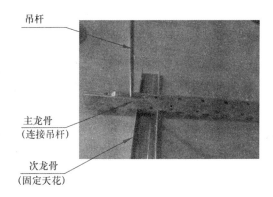

图 1-390　主龙骨吊杆安装

（3）安装龙骨

1）安装主龙骨：主龙骨一般选用 C38 轻钢龙骨，间距控制在 1200mm 范围内。安装时采用与主龙骨配套的吊件与吊杆连接。

2）安装次龙骨：根据铝扣板的规格尺寸，安装与板配套的次龙骨，次龙骨通过吊挂件吊挂在主龙骨上。当次龙骨长度需多根延续接长时，用次龙骨连接件，在吊挂次龙骨的同时，将相对端头相连接，并先调直后固定。

3）根据灯具位置及灯具规格在相应位置预留灯具单独吊杆或支架。吊杆与主次龙骨安装后如图 1-390 所示。

（4）根据标高线安装周边收口型材，如图 1-391 所示。根据墙体、墙面材质不同选用不同的安装方式：

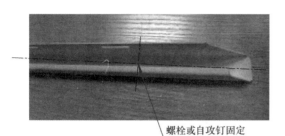

螺栓或自攻钉固定

图 1-391　安装周边收口型材

1) 石膏板墙面，用自攻钉将修边固定于石膏板墙的龙骨上。

2) 混凝土墙面，用冲击钻打孔，下膨胀塞，用自攻钉固定，最大间距500mm。需要承重的修边角需加厚铝合金角码固定，固定点最大间距300mm。

（5）安装复合吊顶天花板：天花板安装时从一侧开始，将一端卡进收口型材（图 1-392），另一端以自攻钉锁住支架龙骨（图 1-393），依次装配其他天花（图 1-394）；安装时，轻拿轻放，必须顺着翻边部位顺序将方板两边轻压，卡进收口后再推紧（图 1-395）。注意吊顶四周要收进到收口型材里。

图 1-392　一端卡进收口型材

图 1-393　自攻顶锁住支架龙骨

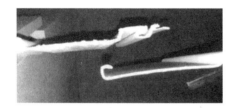

图 1-394　依次装配

图 1-395　轻压、推紧

3. 检修及验收标准

（1）轻钢龙骨、天花吊顶板的品种、规格等应符合设计要求。

（2）各类龙骨必须固定牢固，安装位置应正确。

（3）天花面板不应有气泡、起皮、裂纹、缺角、污垢、锤伤和图案缺损等缺陷，表面应平整，边缘应整齐，色泽应一致。

1.3.3.19　木地板安装图解

1. 各部件名称

木地板、防潮膜见图 1-396、图 1-397。

2. 安装工具

切割器、锤子、电钻。

3. 作业条件

（1）地板必须安装在干燥的水泥砂浆地面上，地面要有很好的承载能力。

（2）室内空气湿度小于70%，房间温度在18℃以上，地表温度在15℃以上并且要通风状况良好（最适宜的温度18~25℃，湿度在40%~50%之间）。

图 1-396　木地板

图 1-397　防潮膜

（3）地面应平整，用 2m 靠尺检测地面平整度，靠尺与地面的最大弦高位应不超过 3mm。

（4）地板在安装完 24h 以后才能上人或承载重物。胶水在一周以后才能达到最强的结合强度。

（5）地面含水率应低于 20%，否则应进行防潮处理。

4. 工艺流程及步骤

地面找平—确定铺装方向—清扫地面卫生—铺防潮膜—正式铺装地板。

（1）地面找平

地面的水平误差不能超过 2mm，超过则需要找平，如果地面不平整，不但会导致踢脚线有缝隙，整体地板也会不平整，并且有异响，还严重影响地板质量。见图 1-398。

（2）根据设计图纸确定铺装方向。见图 1-399。

图 1-398　地面找平

图 1-399　确定铺装方向

（3）清扫地面卫生

把地面上的垃圾清扫干净，包括每一个角落，因为如果铺装前地面没有清扫干净，以后使用时踩在地板上会有"沙沙"的声响。见图 1-400。

（4）铺防潮膜

1）防潮膜厚度大于等于 2mm；

2）防潮膜墙面翻边 50mm；

3）防潮膜与防潮膜之间搭边大于 50mm。见图 1-401。

图 1-400　清扫地面卫生　　　　　　　　图 1-401　铺防潮膜

1.3.3.20　强弱电箱安装图解

1. 安装工具

电锤、方锤、开口扳手、卷尺、剥线钳、手钳、螺丝刀、美工刀、万用表。

2. 安装流程

弹线定位—螺栓固定箱体—盘面组装—箱体固定—绝缘遥测。配电箱、弱电箱安装图见图 1-402。

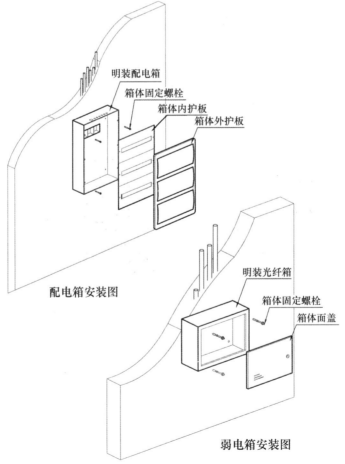

明装配电箱

箱体固定螺栓

箱体内护板

箱体外护板

配电箱安装图

明装光纤箱

箱体固定螺栓

箱体面盖

弱电箱安装图

图 1-402　配电箱、弱电箱安装图

3. 注意事项

（1）配电箱标高严格按照施工设计图纸安装，垂直度允许偏差为 1.5‰。

（2）配电箱安装位置正确，部件齐全，箱体开孔与导管管径适配，涂层完善。

（3）配电箱内接线整齐，回路编号齐全，标识正确。

1.3.3.21 面板灯具安装图解

1. 安装工具

螺栓、铁锤、压线钳、剥线钳、试电笔。

2. 安装流程

（1）开关插座：盒内清理—盒内接线—面板安装。

（2）灯具：检查灯具—组装灯具—安装灯具—通电试运行。

（3）各面板灯具安装图见图 1-403～图 1-408。

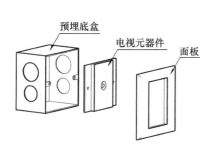

图 1-403 电视插座安装图

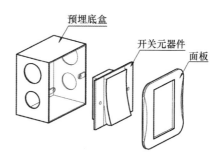

图 1-404 开关安装图

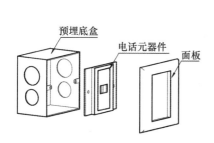

图 1-405 电话插座安装图

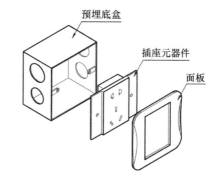

图 1-406 电源插座安装图

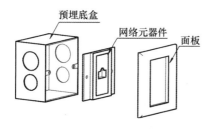

图 1-407 网络插座安装图

图 1-408 筒灯安装图

3. 注意事项

（1）安装在同一建筑物、构筑物内的插座，采用同一系列的产品，且插座接线相序一致。

（2）并列安装的相同型号插座距地面高度应一致，高度差不大于 1mm；同一室内的插座高度差不应大于 5mm。

（3）在木装饰表面安装插座、开关时，若自带螺栓长度不够，可按面板尺寸开孔，然后用自攻螺栓将开关、插座固定在装饰面上，在三合板上开孔安装时，板后螺丝位置要加衬板。

（4）卫生间插座应加装防溅面罩。

（5）单相两孔：插座面对插座的右孔或上孔与相线连接，左孔或下孔与零线连接；单相三孔插座，面对插座的右孔与相线连接，左孔与零线连接。单相三孔、三相四孔及三相五孔插座的接地（PE）或（PEN）线接在上孔。

1.4　附件

枫丹白露抗震实验报告

湖南湖大土木建筑工程检测有限公司
Civil Engineering Inspection and Test Limited Company of Hunan University
报告编号（No.）：HD16-01-23-02（1）

远大 Bhouse 结构抗震性能

检测报告

湖南湖大土木建筑工程检测有限公司

2016 年 2 月 15 日

地址(Add)：湖南大学土木工程学院（410082）

湖南湖大土木建筑工程检测有限公司
Civil Engineering Inspection and Test Limited Company of Hunan University
报告编号（No.）：HD16-01-23-02（1）

远大 Bhouse 结构抗震性能

检测报告

委托单位：长沙远大住宅工业集团有限公司

建设单位：长沙远大住宅工业集团有限公司

监理单位：

设计单位：长沙远大住宅工业集团有限公司

施工单位：长沙远大住宅工业集团有限公司

检测内容：远大 Bhouse 结构抗震性能检测

执行标准：《建筑抗震试验规程》（JGJ/T101-2015）

项目负责人：黄远

现场检测人：黄远 郑隆

报告审核人：彭小林

报告批准人：

湖南湖大土木建筑工程检测有限公司

2016 年 2 月 15 日

地址(Add)：湖南大学土木工程学院（410082）

目录

四、结论

Bhouse 结构抗震性能试验结果表明：

（1）Bhouse 结构在 6 度多遇地震作用下，结构的顶点位移为 0.16mm，层间位移角为 1/60900，顶点加速度为 0.58m/s²。结构工作情况良好，结构受力为弹性状态。承载力及变形满足 GB50011-2010《建筑抗震设计规范》要求。

（2）Bhouse 结构在 7 度多遇地震作用下，结构的顶点位移为 0.31mm，层间位移角为 1/31400，顶点加速度为 1.11m/s²。结构工作情况良好，结构受力为弹性状态。承载力及变形满足 GB50011-2010《建筑抗震设计规范》要求。

（3）Bhouse 结构在 8 度多遇地震作用下，结构的顶点位移为 0.60mm，层间位移角为 1/16200，顶点加速度为 2.28m/s²。结构工作情况良好，结构受力为弹性状态。承载力及变形满足 GB50011-2010《建筑抗震设计规范》要求。

湖南湖大土木建筑工程检测有限公司

二〇一六年二月十五日

144

UDC

湖南省工程建设地方标准

P

DBJ

DBJ 43/T 320-2017

备案号 J13843-2017

盒式连接多层全装配式
混凝土墙-板结构技术规程

Technical specification for multi-story total precast
concrete wall-slab structures with box connection

2017 - 04 - 25 发布 2017 - 06 - 01 实施

湖南省住房和城乡建设厅 发布

第 2 章　凡尔赛预制装配式别墅

凡尔赛别墅

风　　格：法式
功能规划：七室四厅五卫三露台
层　　数：三层
占地面积：215.00m²
建筑面积：545m²
预 制 率：100%

Versailles Villa

Style：French
Functional planning：seven bedrooms，four living rooms，five bathrooms and three terraces
Storeys：three
Floor area：215.00m²
Building area：545m²
Prefabricated rate：100%

　　下文将从平面、立面、剖面以及楼梯、整体卫浴等构件（图 2-1～图 2-14）对该系列别墅进行详细展示。

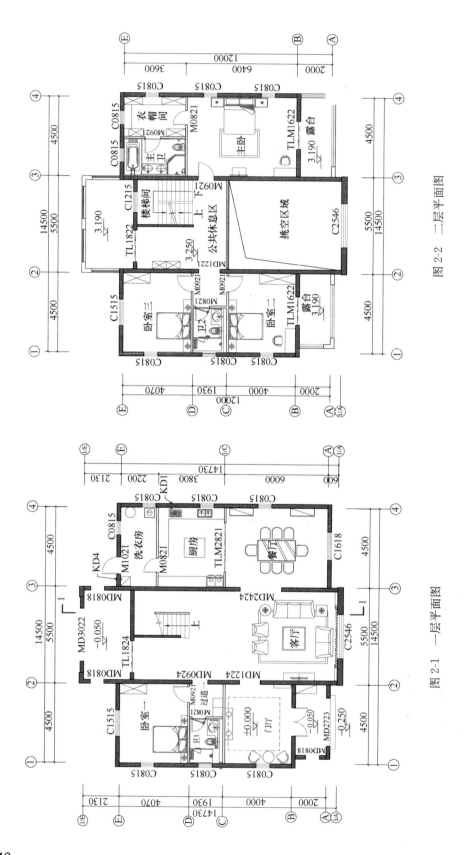

图 2-2 二层平面图

图 2-1 一层平面图

148

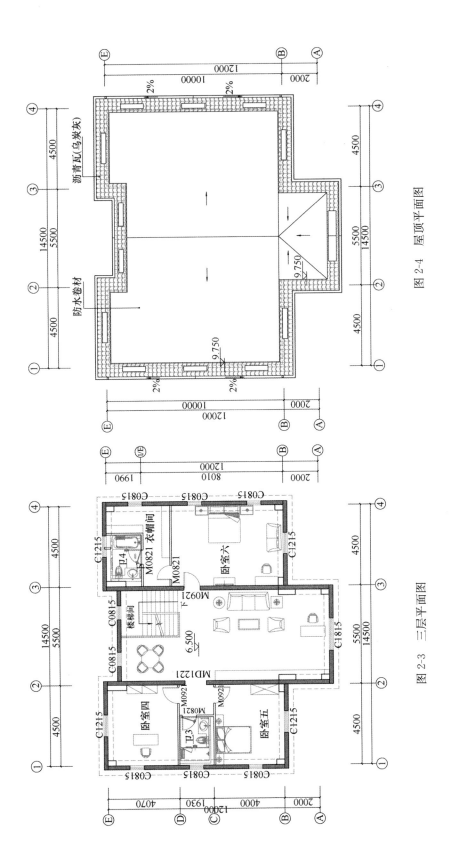

图 2-4 屋顶平面图

图 2-3 三层平面图

149

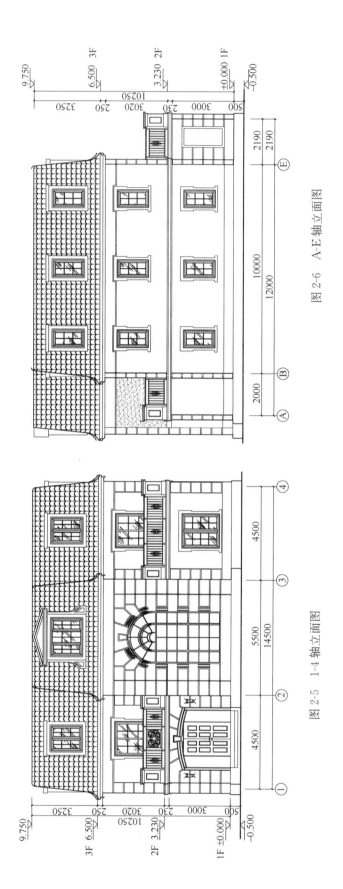

图 2-6 A-E 轴立面图

图 2-5 1-4 轴立面图

150

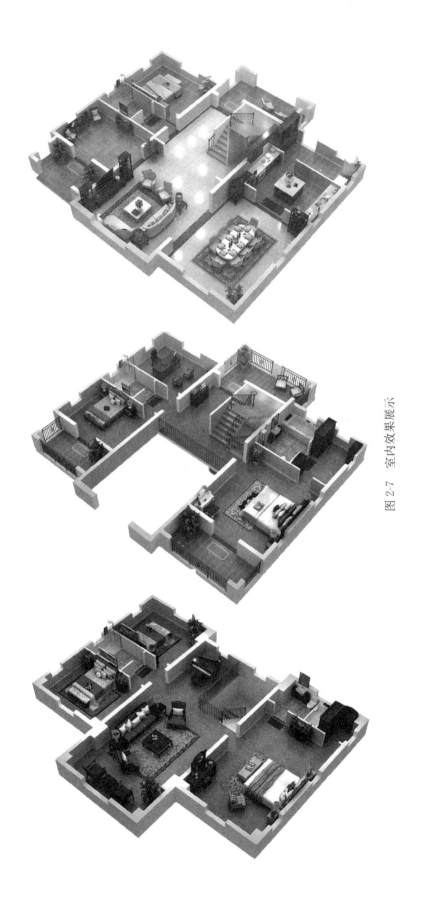

图 2-7　室内效果展示

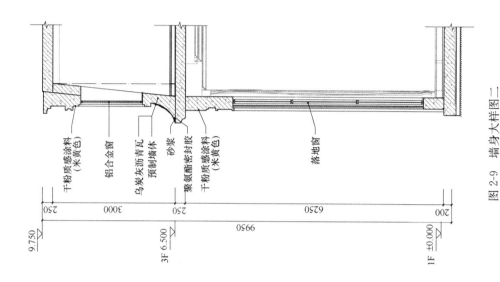

图 2-9 墙身大样图二

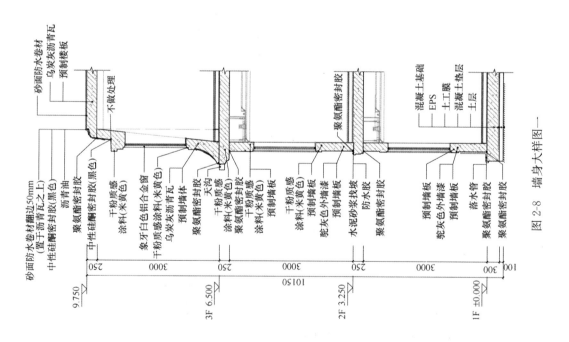

图 2-8 墙身大样图一

152

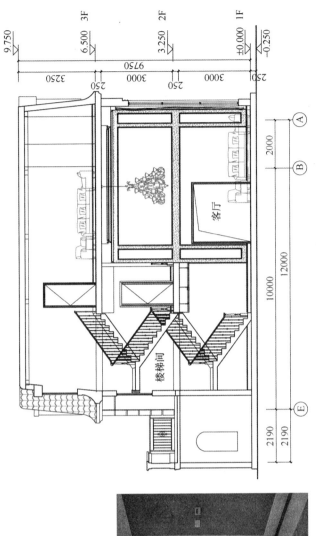

图 2-11 1-1 剖面图

图 2-10 实景展示

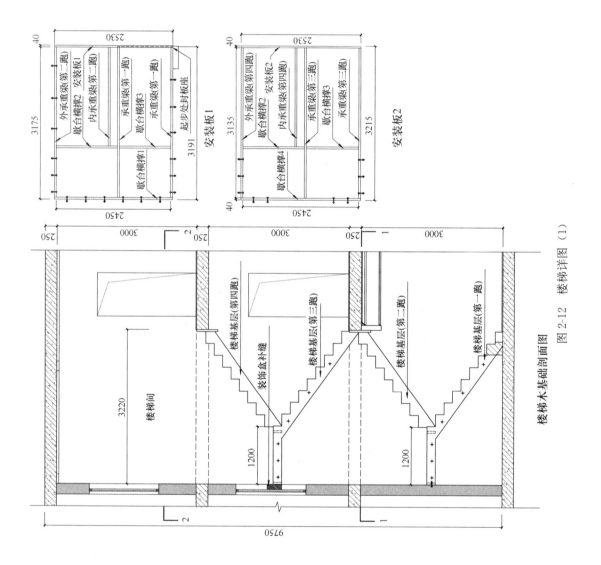

安装板1

安装板2

楼梯木基础剖面图

图 2-12　楼梯详图（1）

154

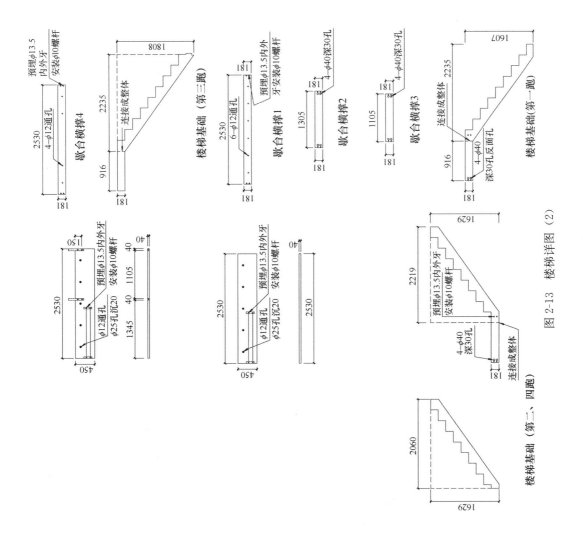

图 2-13 楼梯详图 (2)

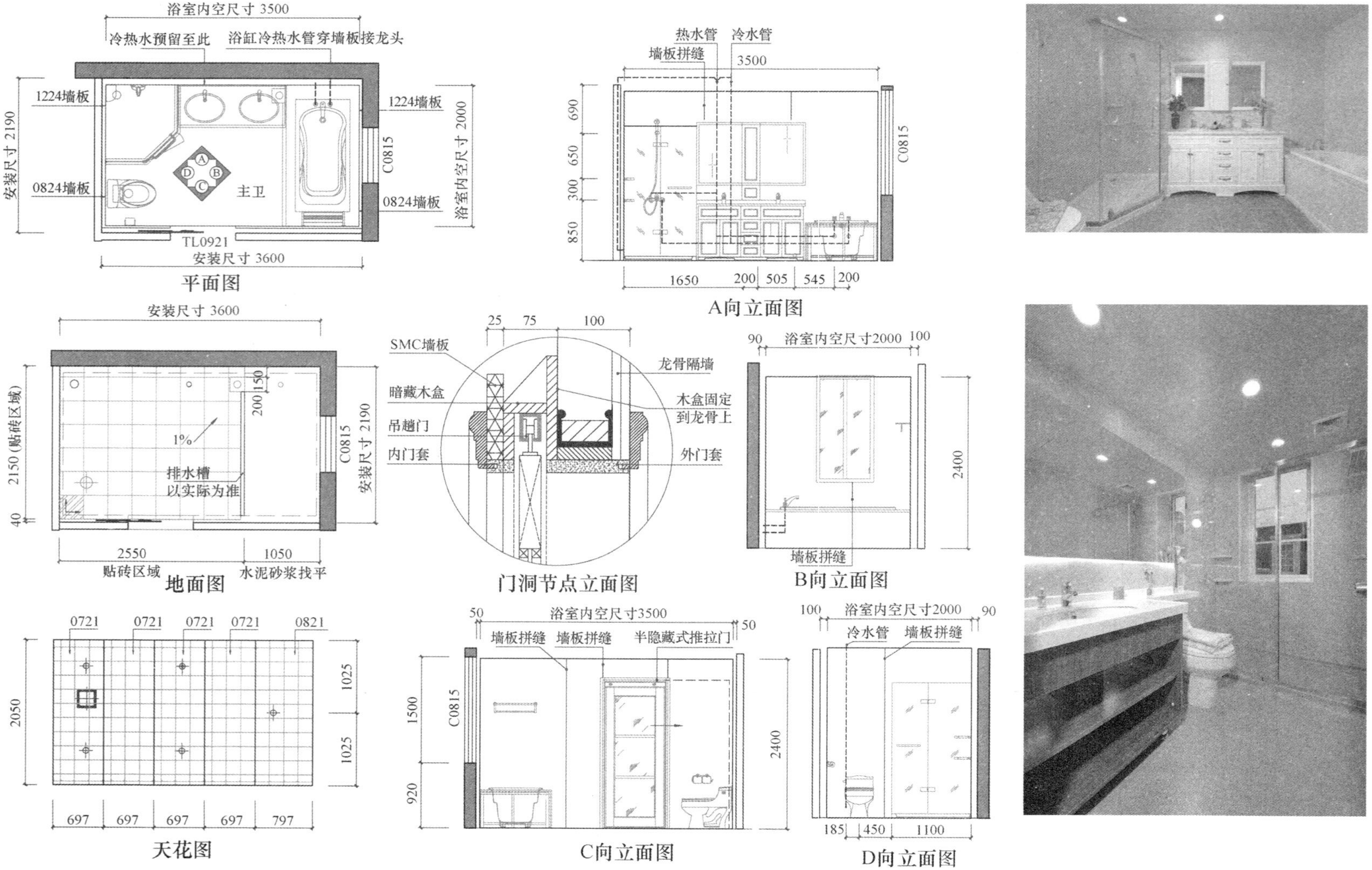

图 2-14 整体卫浴详图

A向立面图

浴室内空尺寸2000
冷水管
热水管
墙板拼缝
3500
200 505 545 200
1650
850 300 650 069
C0815

B向立面图

浴室内空尺寸2000
墙板拼缝
2400
100 100

D向立面图

浴室内空尺寸2000
冷水管
墙板拼缝
1100
90
185 450
100

C向立面图

浴室内空尺寸3500
半隐藏式推拉门
墙板拼缝
墙板拼缝
2400
50 50
920 1500
1500
C0815

门洞节点立面图

龙骨隔墙
木盒固定到龙骨上
外门套
SMC墙板
暗藏木盒
吊趟门
内门套
25 75 100

平面图

浴室内空尺寸3500
冷热水预留至此
浴缸冷热水管穿墙板接龙头
1224墙板
C0815
0824墙板
1224墙板
0824墙板
主卫
TL0921
安装尺寸2000
安装尺寸2190
安装尺寸3600
安装尺寸2190

地面图

浴室内空尺寸2190
C0815
排水槽以实际为准
水泥砂浆找平
贴砖区域
200 150
1050
2550
1%
40
2150(贴砖区域)
2150

天花图

1025 1025
797 697 697 697 697
0721 0721 0721 0721
2050

第3章 美式经典预制装配式别墅

美式经典别墅

风　　格：美式
功能规划：四室两厅四卫一露台
层　　数：两层
占地面积：120.00m²
建筑面积：208m²
预 制 率：100%

American Classical Villa

Style：American
Functional planning：four bedrooms，two living rooms，four bathrooms and one terrace
Storeys：two
Floor area：120.00m²
Building area：208m²
Prefabricated rate：100%

下文将从平面、立面、剖面以及屋架、整体卫浴等构件（图 3-1～图 3-15）对该系列别墅进行详细展示。

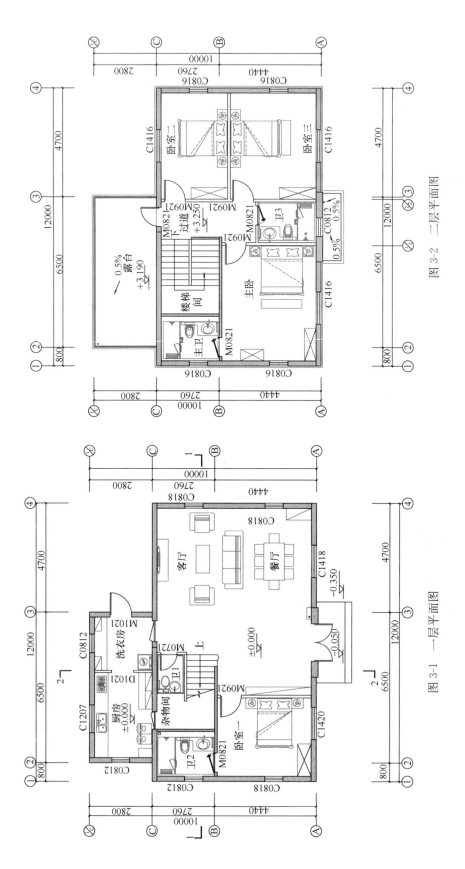

图 3-2　二层平面图

图 3-1　一层平面图

158

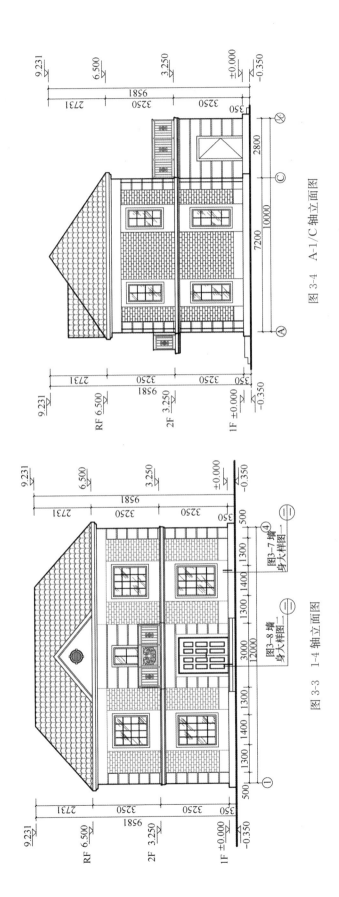

图 3-4 A-1/C 轴立面图

图 3-3 1-4 轴立面图

159

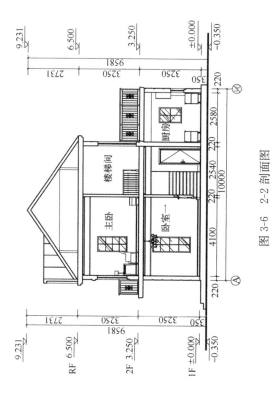

图 3-5 1-1 剖面图

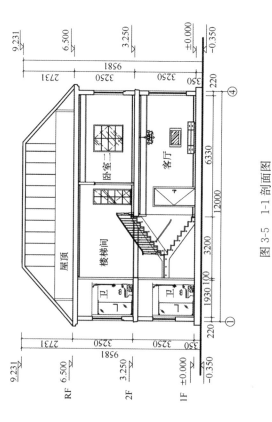

图 3-6 2-2 剖面图

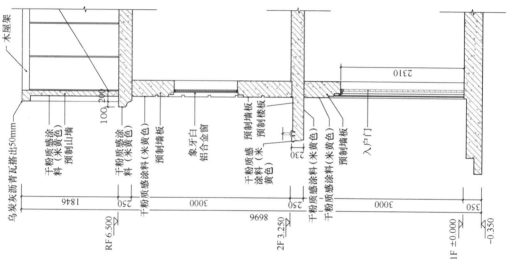

木屋架

乌灰沥青瓦搭出50mm

干粉质感涂料（米黄色）预制山墙

干粉质感涂料（米黄色）预制墙板

干粉质感涂料（米黄色）

象牙白铝合金窗

干粉质感涂料（米黄色）预制楼板 预制墙板

干粉质感涂料（米黄色）预制楼板

干粉质感涂料（米黄色）预制墙板

入户门

100,200　1846　250　3000　9698　250　3000　350　2310　230　130

RF 6.500　2F 3.250　1F ±0.000　-0.350

图 3-8　墙身大样图二

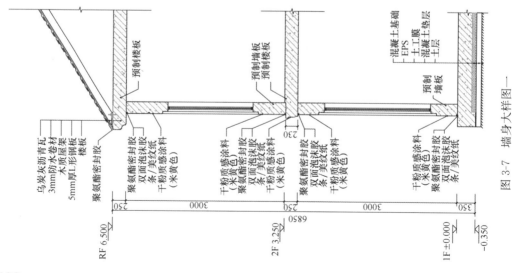

乌灰沥青瓦
3mm防水卷材
木质屋架
5mm厚L形钢板
楼板

聚氨酯密封胶

预制楼板

聚氨酯密封胶
双面泡沫胶
条/美纹纸
干粉质感涂料（米黄色）

预制墙板 预制楼板

聚氨酯密封胶
双面泡沫胶
条/美纹纸
干粉质感涂料（米黄色）

聚氨酯密封胶
双面泡沫胶
条/美纹纸
干粉质感涂料（米黄色）

预制墙板

混凝土基础
EPS
土工膜
混凝土垫层
土层

250　3000　250　3000　350　6850　230

RF 6.500　2F 3.250　1F ±0.000　-0.350

图 3-7　墙身大样图一

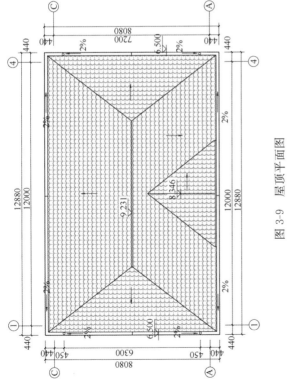

图 3-9 屋顶平面图

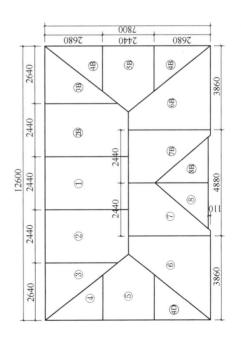

图 3-10 屋面拆分平面图

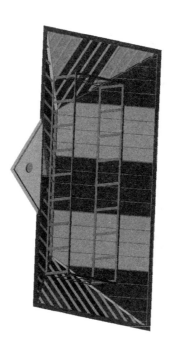

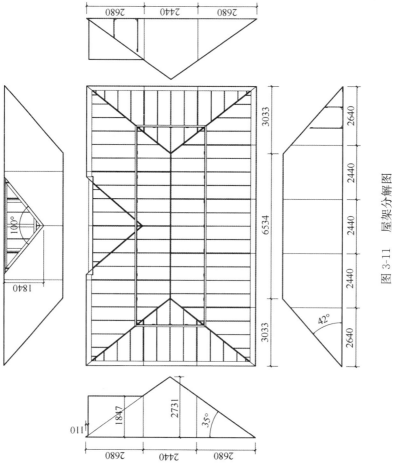

图 3-11 屋架分解图

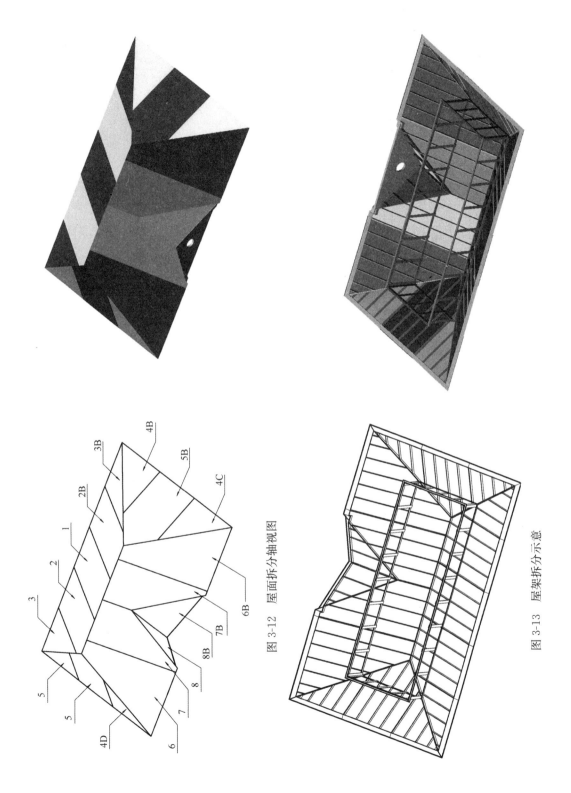

图 3-12 屋面拆分轴视图

图 3-13 屋架拆分示意

165

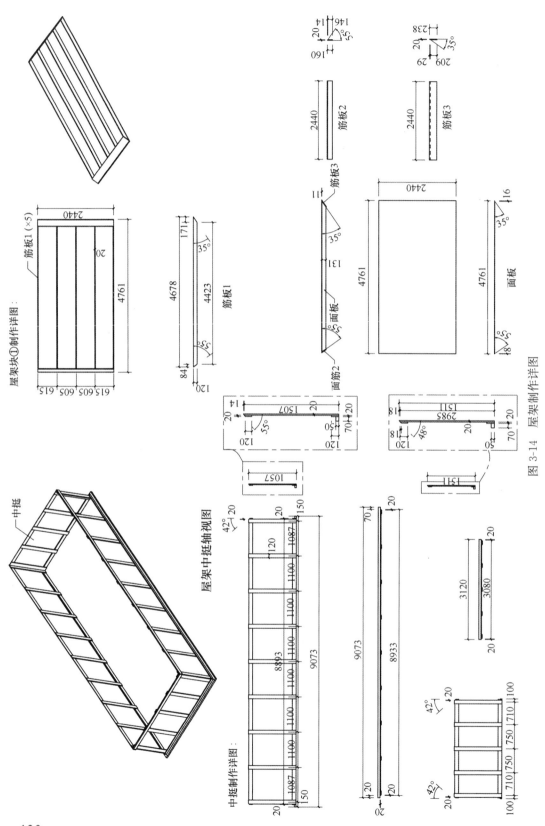

图 3-14 屋架制作详图

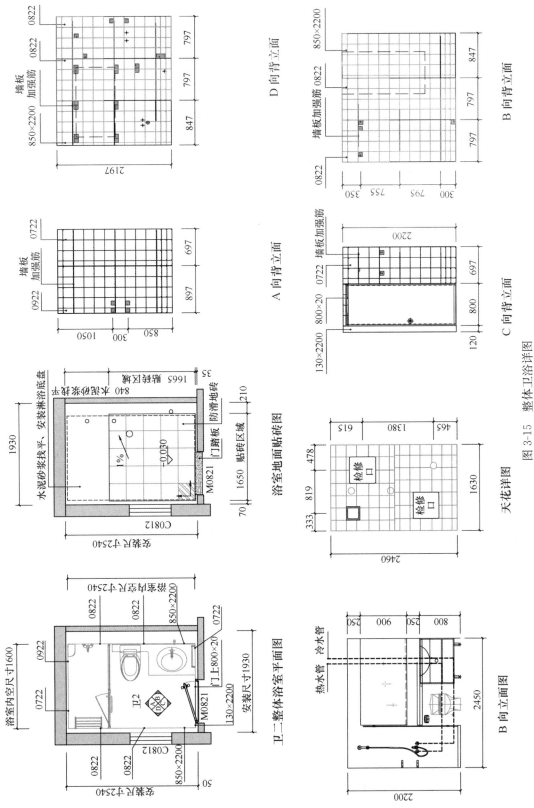

墙板加强筋 0822 0822

797

797

847

850×2200

2197

D 向背立面

墙板
加强筋

0722

697

897

墙板
加强筋

0922

300

850

1050

水泥砂浆找平, 安装淋浴底盘

1665 断桥区域

35

840

8度底浆找平光

210

1% -0.030

1930

防滑地砖

门踏板

贴砖区域

M0821 1650

C0812

70

安装尺寸2540

浴室地面贴砖图

浴室内空尺寸1600

0822 0822

850×2200

0722

0922

0722

卫2

A D B
C

M0821 130×2200

安装内空尺寸2540

热水内空尺寸2540

门上800×20

安装尺寸1930

0822 0822

C0812

850×2200

50

安装尺寸2540

卫二整体浴室平面图

墙板加强筋 0822

850×2200

847

0822

797

797

300

350 755 795 300

B 向背立面

墙板加强筋

0722

2200

697

130×2200

800×20

800

120

C 向背立面

615 1380 465

478

检修口

819

检修口

333

1630

2460

天花详图

图 3-15 整体卫浴详图

250 900 250 250 800

热水管 冷水管

2450

2200

B 立面图

第4章　依云系列预制装配式别墅

依云一房

功能规划：一室两厅一卫一阳台
层　　数：两层
占地面积：45.00m²
建筑面积：75m²
预 制 率：100%

Evian I

Functional planning：one bedroom，two living rooms，one bathroom and one balcony
Storeys：two
Floor area：45.00m²
Building area：75m²
Prefabricated rate：100%

下文从平面、立面、剖面以及墙身大样（图 4-1～图 4-6）对一房进行介绍。

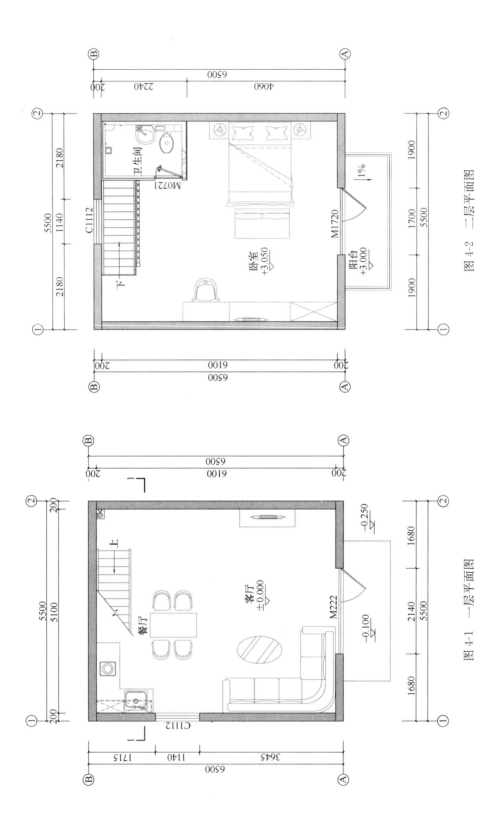

图 4-2 二层平面图

图 4-1 一层平面图

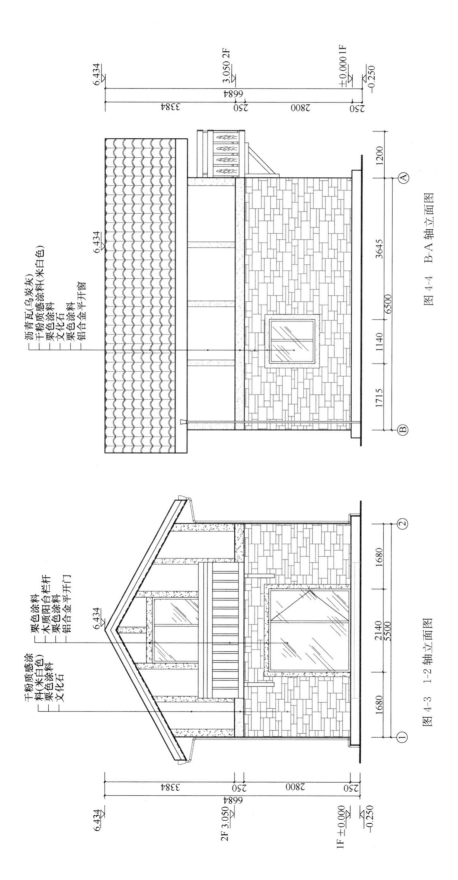

沥青瓦(乌炭灰)
干粉质感涂料(米白色)
栗色涂料
文化石
栗色涂料
铝合金平开窗

图 4-4　B-A 轴立面图

栗色涂料栏杆
木质阳台栏杆
栗色涂料
铝合金平开门

干粉质感涂料(米白色)
栗色涂料
文化石

图 4-3　1-2 轴立面图

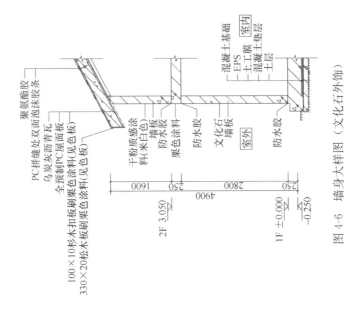

图 4-6 墙身大样图（文化石外饰）

注：依云系列每种户型都可分为木纹、砖、涂料、文化石四种外饰。

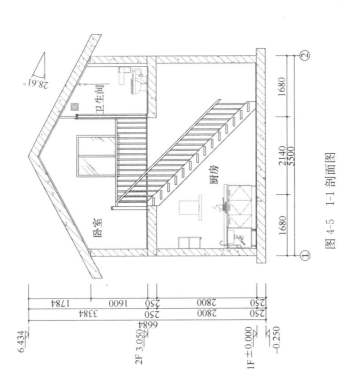

图 4-5 1-1 剖面图

依云二房

Evian Ⅱ

功能规划：两室两厅两卫一厨一阳台
层　　数：两层
占地面积：72.00m²
建筑面积：105m²
预 制 率：100%

Function planning：two bedrooms，two living rooms，two bathrooms，one kitchen and one balcony
Storeys：two
Floor area：72.00m²
Building area：105m²
Prefabricated rate：100%

下文从平面、立面、剖面以及墙身大样（图 4-7～图 4-12）对二房进行介绍。

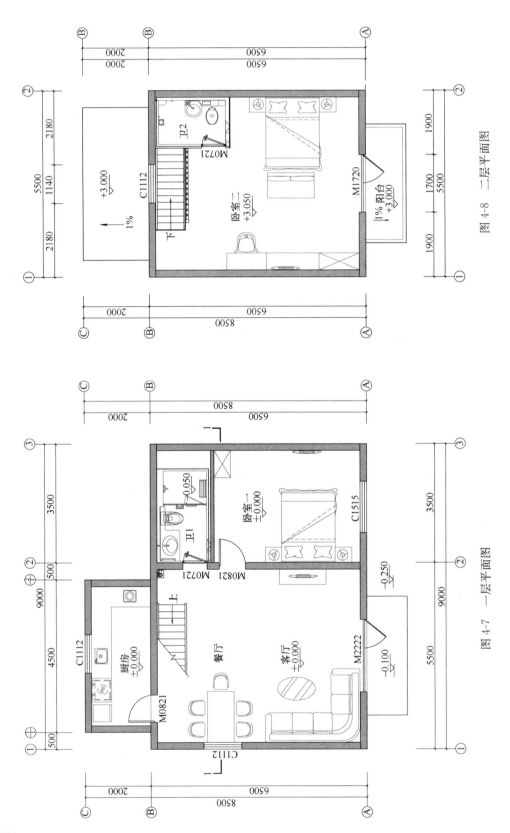

图 4-8 二层平面图

图 4-7 一层平面图

174

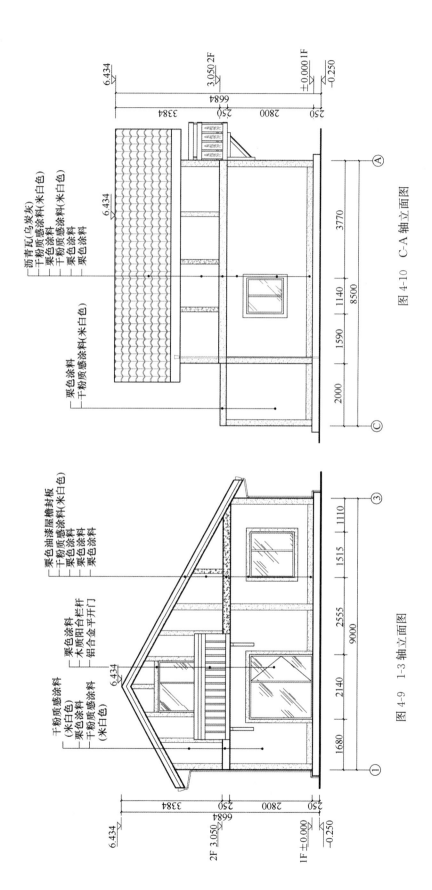

沥青瓦(乌炭灰)
干粉质感涂料(米白色)
干粉质感涂料(米白色)
栗色涂料
栗色涂料

栗色涂料
干粉质感涂料(米白色)

6.434

3770
8500
1140
1590
2000

Ⓐ   Ⓒ

6.434

6.434
3.050 2F
±0.000 1F
-0.250

6684
250
2800
250
3384

图 4-10 C-A 轴立面图

栗色油漆屋檐封板
干粉质感涂料(米白色)
栗色涂料
栗色涂料

栗色涂料
木质阳台栏杆
铝合金平开门

干粉质感涂料
(米白色)
栗色涂料
干粉质感涂料(米白色)

6.434

1110
9000
1515
2555
2140
1680

③   ①

6.434

6.434
2F 3.050
1F ±0.000
-0.250

6684
250
2800
250
3384

图 4-9 1-3 轴立面图

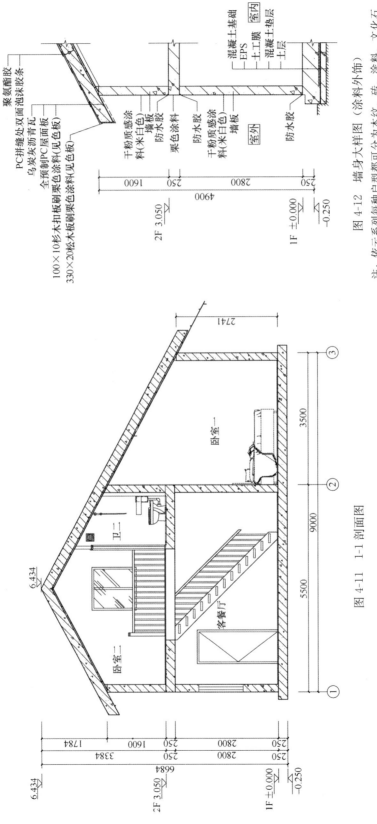

聚氨酯胶
PC拼缝处双面泡沫胶条
乌炭灰沥青瓦
全预制PC屋面板

100×10杉木扣板刷栗色涂料(见色板)
330×20松木板刷栗色涂料(见色板)

干粉质感涂料(米白色)
墙板
防水胶
栗色涂料
防水胶
干粉质感涂料(米白色)
墙板
室外
防水胶

混凝土基础
EPS
土工膜
混凝土垫层
土层
室内

2F 3.050
1F ±0.000
-0.250

250 1600
250
2800
250
4900

图 4-12 墙身大样图（涂料外饰）

注：依云系列每种户型都可分为木纹、砖、涂料、文化石
四种外饰。

卧室一
卫二
客餐厅
卧室二

6.434

2741

3500
9000
5500

① ② ③

6.434
2F 3.050
1F ±0.000
-0.250

250 1600 1784
250
3384
6684
250
2800
250
2800

图 4-11 1-1 剖面图

依云三房

Evian Ⅲ

功能规划：三室两厅三卫两阳台
层　　数：两层
占地面积：70.00m²
建筑面积：124m²
预 制 率：100％

Functional planning：three bedrooms，two
living rooms，three bathrooms and two bal-
conies
Storeys：two
Floor area：70.00m²
Building area：124m²
Prefabricated rate：100％

下文从平面、立面、剖面以及墙身大样（图4-13～图4-18）对三房进行介绍。

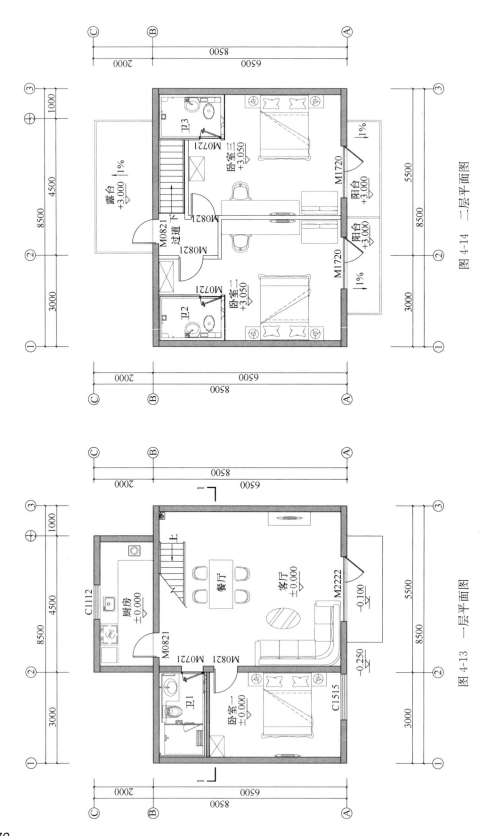

图 4-14 二层平面图

图 4-13 一层平面图

178

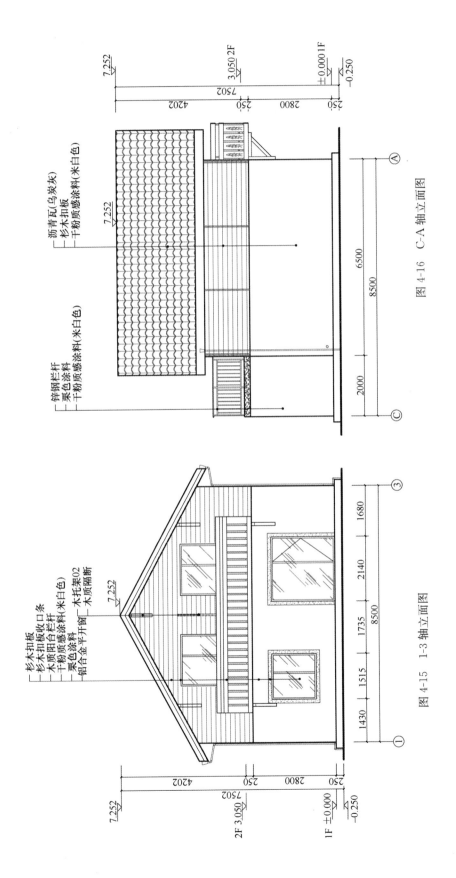

沥青瓦(乌灰灰)
杉木扣板
干粉质感涂料(米白色)

7.252

锌钢栏杆
栗色涂料
干粉质感涂料(米白色)

7.252

3.050 2F

±0.000 1F
-0.250

7502
4202   250   2800   250

6500
8500

2000

Ⓒ   Ⓐ

图 4-16 C-A 轴立面图

杉木扣板
杉木扣板收口条
干粉质阳台栏杆
干粉质感涂料(米白色)
栗色涂料
铝合金平开窗 木托架02
木质隔断

7.252

1680   2140   1735   1515   1430

8500

③   ①

图 4-15 1-3 轴立面图

7.252

7502
4202   250   2800   250

2F 3.050

1F ±0.000
-0.250

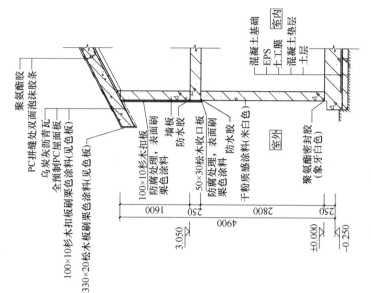

聚氨酯胶

PC拼缝处双面贴泡沫胶条

乌炭灰沥青瓦
全顶制PC屋面板
100×10杉木扣板刷栗色涂料(见色板)
330×20松木板刷栗色涂料(见色板)

100×10杉木扣板
防腐处理，表面刷
栗色涂料

墙板
防水胶

50×30松木收口板
防腐处理，表面刷
栗色涂料
防水胶

干粉质感涂料(米白色)

聚氨酯密封胶
(象牙白色)

混凝土基础
EPS
土工膜
混凝土垫层
土层

室内

室外

1600

250

1600

3.050

250

2800

250

4900

±0.000

-0.250

图 4-18 墙身大样图（木纹外饰）

注：依云系列每种户型都可分为木纹、砖、涂料、文化石四种外饰。

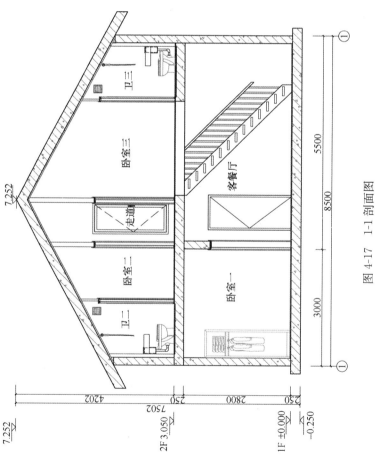

7.252

卫三

卧室三

走道

客餐厅

卧室二

卫二

卧室一

5500

8500

3000

7.252

7502

4202

250

2F 3.050

2800

250

1F ±0.000

-0.250

图 4-17 1-1 剖面图

依云四房

功能规划：四室两厅四卫两阳台
层　　数：两层
占地面积：100.00m²
建筑面积：146m²
预 制 率：100%

Evian Ⅳ

Functional planning：four bedrooms，two living rooms，four bathrooms and two balconies
Storeys：two
Floor area：100.00m²
Building area：146m²
Prefabricated rate：100%

　　下文先从平面、立面、剖面以及墙身大样（图 4-19～图 4-24）对四房进行介绍，后续对该系列的统一构件（图 4-25～图 4-27）进行详细介绍。

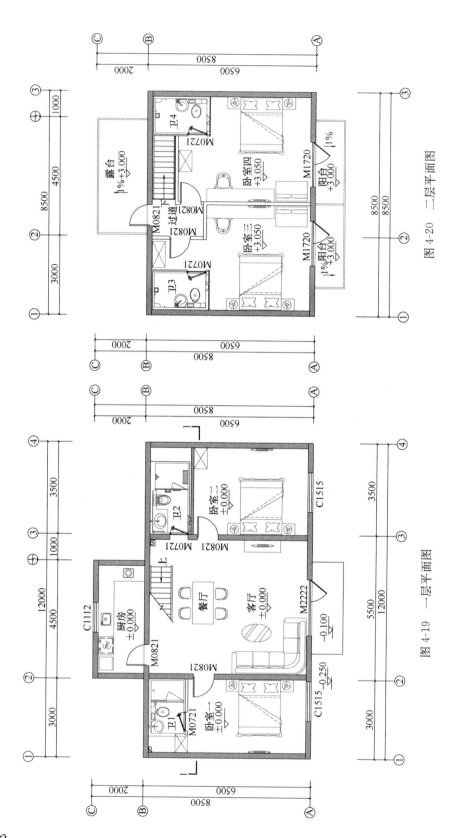

图 4-20 二层平面图

图 4-19 一层平面图

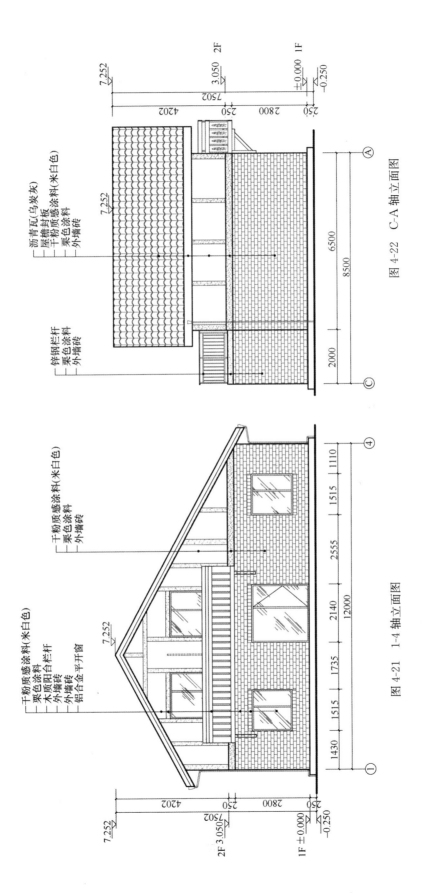

图 4-22 C-A 轴立面图

沥青瓦(乌炭灰)
屋檐封板
干粉质感涂料(米白色)
栗色墙砖

锌钢栏杆
栗色涂料
外墙砖

图 4-21 1-4 轴立面图

干粉质感涂料(米白色)
干粉质感涂料
栗色墙砖
外墙砖

栗色阳台栏杆
木质阳台栏杆
外墙砖
铝合金平开窗

183

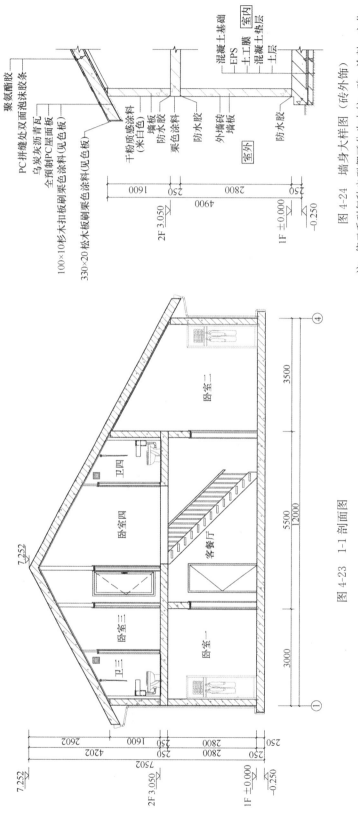

图 4-23 1-1 剖面图

聚氨酯胶
PC拼缝处双面泡沫胶条
炭灰沥青瓦
全预制PC屋面涂料(见色板)
100×10杉木扣板刷栗色涂料(见色板)
330×20松木板刷栗色涂料(见色板)

干粉质感涂料
(米白色)
墙板
防水胶
栗色涂料
防水胶
外墙砖
墙板

室外
室内

混凝土基础
EPS
土工膜
混凝土垫层
土层

防水胶

2F 3.050
4900
1600 250 2800 250
1F ±0.000
-0.250

图 4-24 墙身大样图（砖外饰）

注：依云系列每种户型都可分为木纹、砖、涂料、文化
石四种外饰。

2602 1600 2800 2800 250 250 250
7502
4202
7.252
2F 3.050
1F ±0.000
-0.250

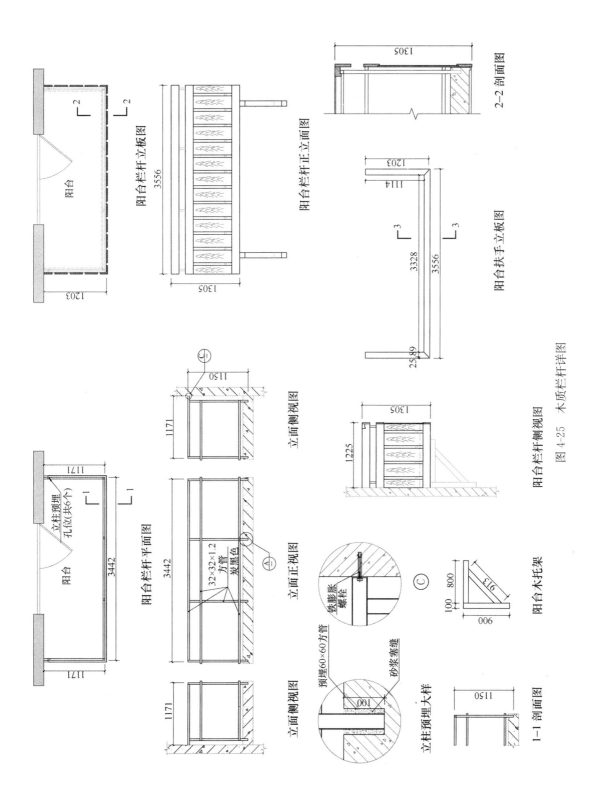

图 4-25　木质栏杆详图

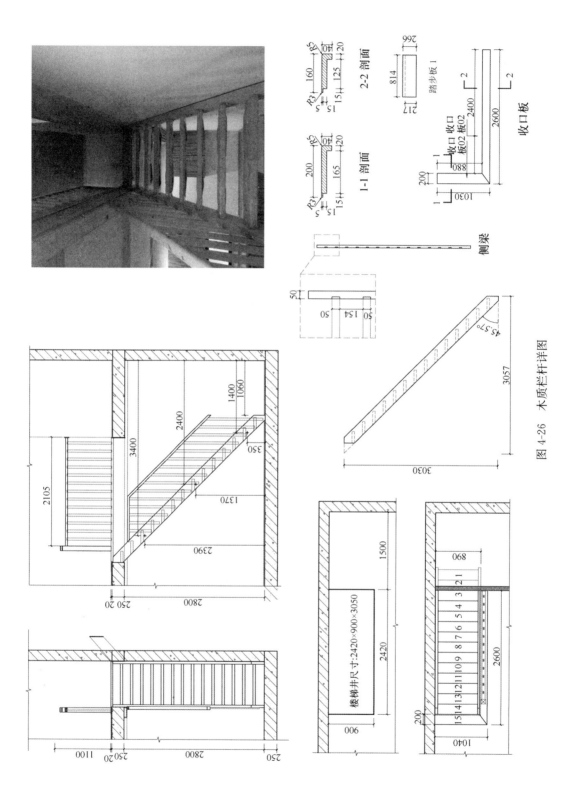

图 4-26 木质栏杆详图

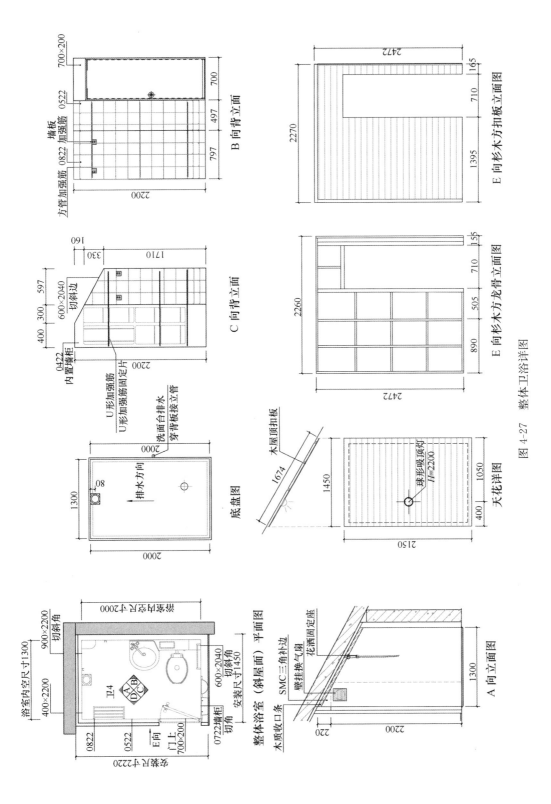

图 4-27　整体卫浴详图

第 5 章　BOX 系列预制装配式别墅

BOX 一房

风　　格：现代风格
功能规划：一室两厅一卫
层　　数：一层
占地面积：32.23m²
建筑面积：32.4m²
预 制 率：100%

BOX Ⅰ

Style：modern style
Functional planning：one bedroom，two living rooms and one bathroom
Storey：one
Floor area：32.23m²
Building area：32.4m²
Prefabricated rate：100%

下文从平面、立面、剖面以及构件（图 5-1～图 5-6）对一房进行介绍。

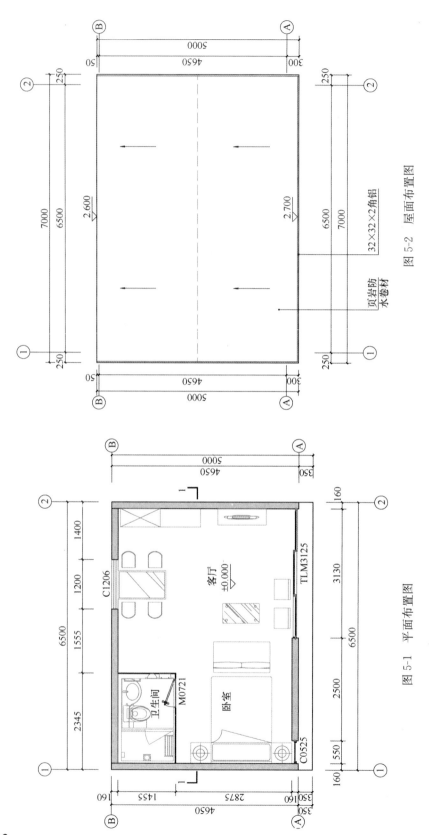

图 5-2 屋面布置图

图 5-1 平面布置图

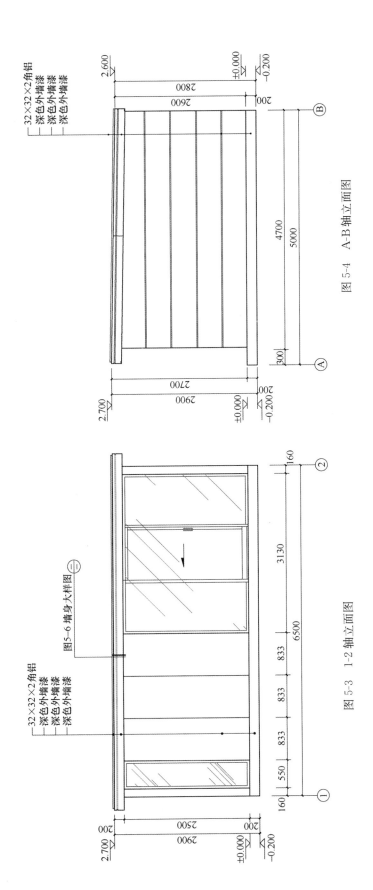

图 5-4　A-B轴立面图

图 5-3　1-2 轴立面图

191

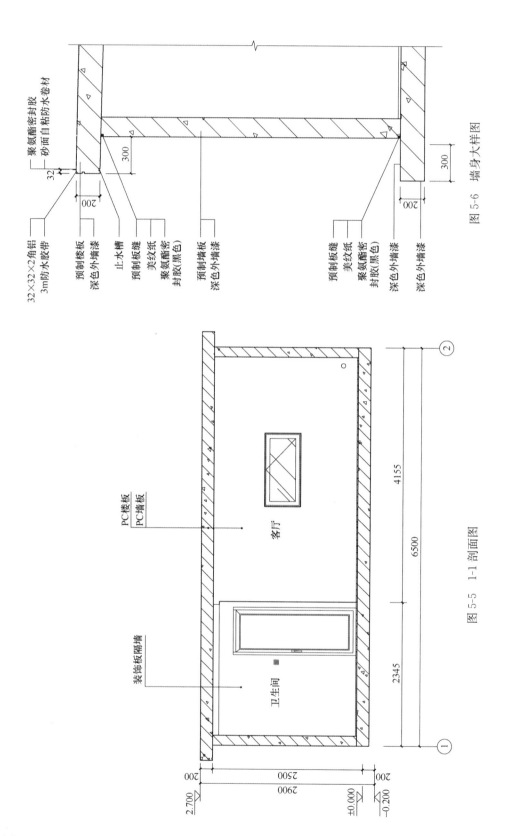

图 5-6　墙身大样图

聚氨酯密封胶
砂面自粘防水卷材

32×32×2角铝
3m防水胶带

预制楼板
深色外墙漆

止水槽

预制板缝
美纹纸
聚氨酯密
封胶(黑色)

预制墙板
深色外墙漆

预制板缝
美纹纸
聚氨酯密
封胶(黑色)

深色外墙漆
深色外墙漆

PC楼板
PC墙板

装饰板隔墙

客厅

卫生间

图 5-5　1-1 剖面图

BOX Loft

功能规划：两室一厅一卫
层　　数：两层
占地面积：20.25m²
建筑面积：45.33m²
预 制 率：100%

BOX Loft

Function planning：two bedrooms，one living room and one bathroom
Storeys：two
Floor area：20.25m²
Building area：45.33m²
Prefabricated rate：100%

下文从平面、立面、剖面以及构件（图 5-7～图 5-15）对 loft 进行介绍。

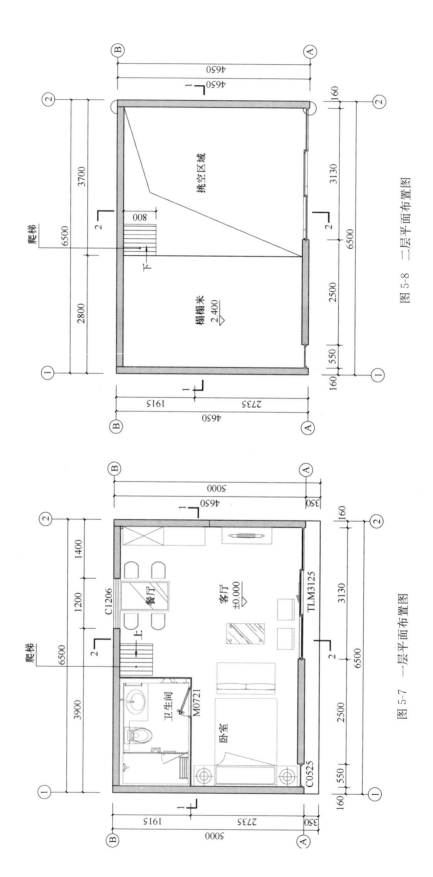

图 5-8 二层平面布置图

图 5-7 一层平面布置图

194

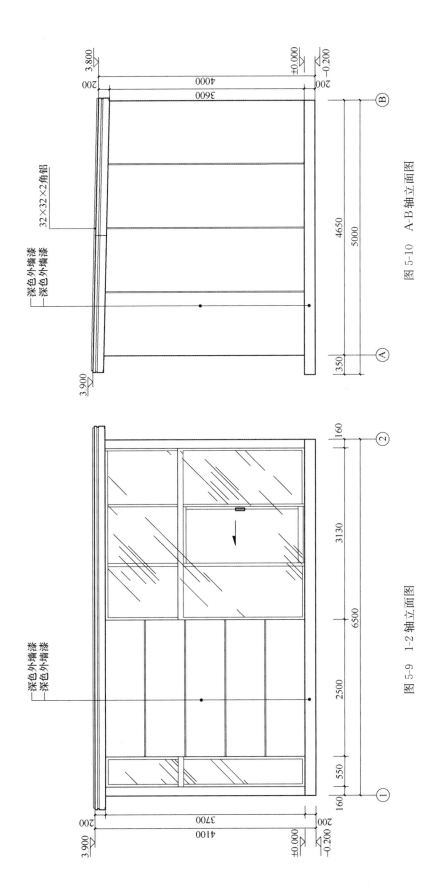

深色外墙漆
深色外墙漆

32×32×2角铝

3.800
±0.000
-0.200

200
4000
3600

4650
5000
350

3.900

Ⓑ
Ⓐ

图 5-10 A-B轴立面图

深色外墙漆
深色外墙漆

3130
6500
2500
550

160
160

②
①

3.900
200
3700
4100
200
±0.000
-0.200

图 5-9 1-2轴立面图

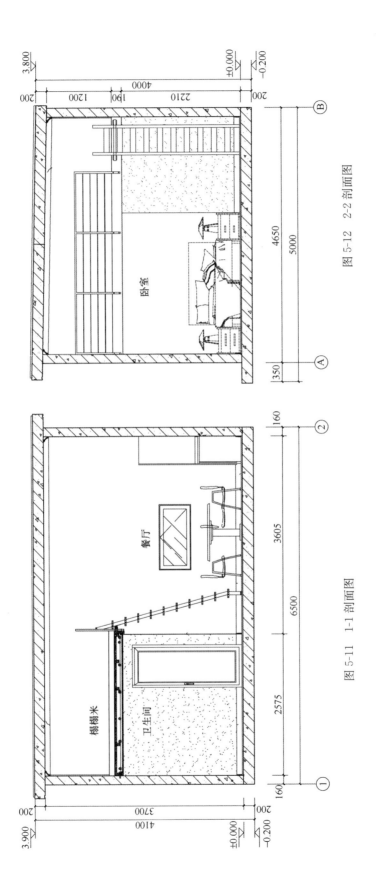

图 5-12 2-2 剖面图

图 5-11 1-1 剖面图

196

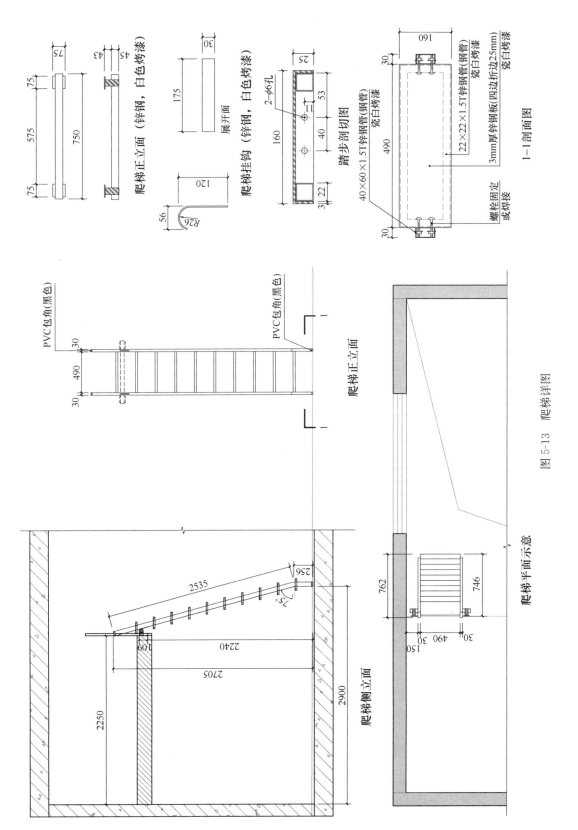

爬梯正立面（锌钢，白色烤漆）

展开面

爬梯挂钩（锌钢，白色烤漆）

踏步剖切图

2-φ6孔

40×60×1.5T锌钢管（钢管）瓷白烤漆

22×22×1.5T锌钢管（钢管）瓷白烤漆

3mm厚锌钢板(四边折边25mm)瓷白烤漆

螺栓固定或焊接

1—1剖面图

PVC包角(黑色)

PVC包角(黑色)

爬梯正立面

爬梯侧立面

爬梯平面示意

图 5-13　爬梯详图

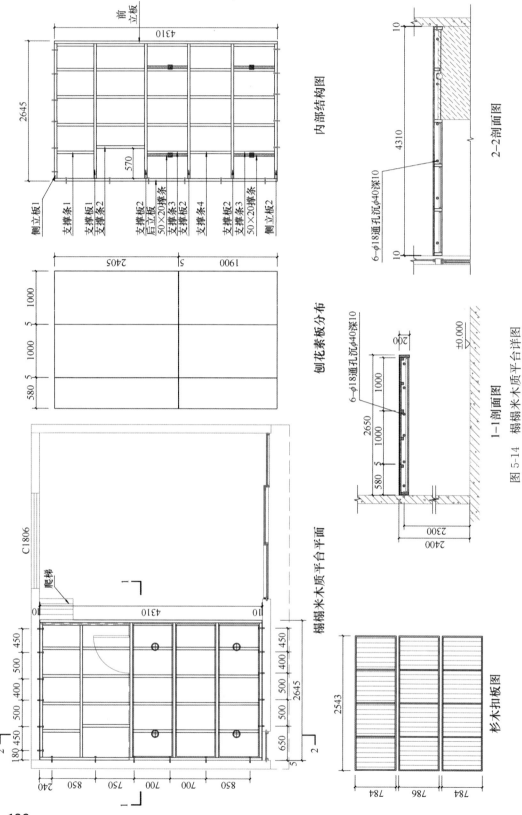

前立板

内部结构图

4310

2645

570

侧立板1
支撑条1
支撑板1
支撑条2
后立板1
50×20撑条
支撑条3
支撑板2
支撑条2
支撑条4
支撑板2
支撑条3
支撑板3
50×20撑条
侧立板2

刨花素板分布

2405

5

1900

1000

5

1000

580 5

2-2剖面图

10

4310

6-φ18通孔沉φ40深10

10

1-1剖面图

±0.000

6-φ18通孔沉φ40深10

200

1000

2650

1000

580 5

2300

240

图5-14 榻榻米木质平台详图

榻榻米木质平台平面

C1806

爬梯

10

4310

10

450

450

500

400

400

2645

500

500

650

180

240

850

750

700

700

850

5

杉木扣板图

2543

784

786

784

198

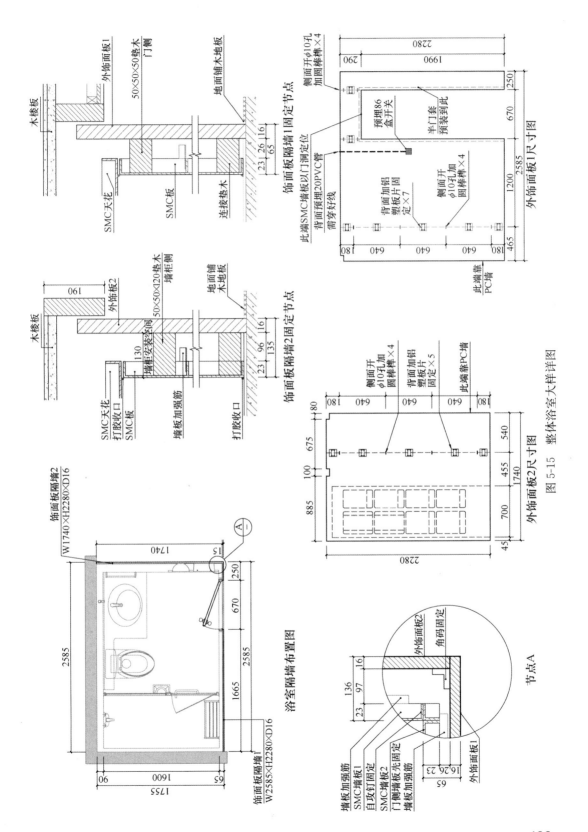

饰面板隔墙1固定节点

饰面板隔墙2固定节点

浴室隔墙布置图

节点A

外饰面板1尺寸图

外饰面板2尺寸图

整体浴室大样详图

图 5-15

199

BOX 三房

功能规划：三室两厅一厨三卫
层　　数：两层
占地面积：61.20m²
建筑面积：121.84m²
预 制 率：100%

BOX Ⅲ

Functional planning: three bedrooms, two living rooms, one kitchen and three bathrooms
Storeys: two
Floor area: 61.20m²
Building area: 121.84m²
Prefabricated rate: 100%

下文从平面、立面、剖面以及构件（图5-16～图5-22）对三房进行介绍。

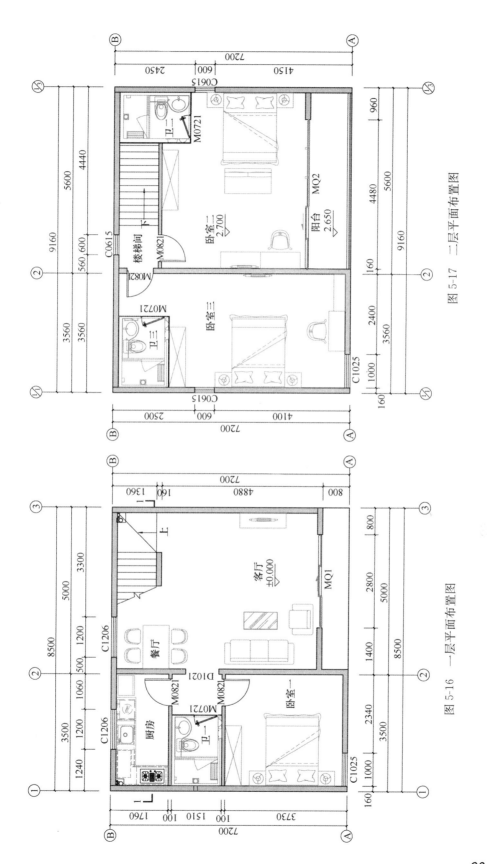

图 5-17 二层平面布置图

图 5-16 一层平面布置图

201

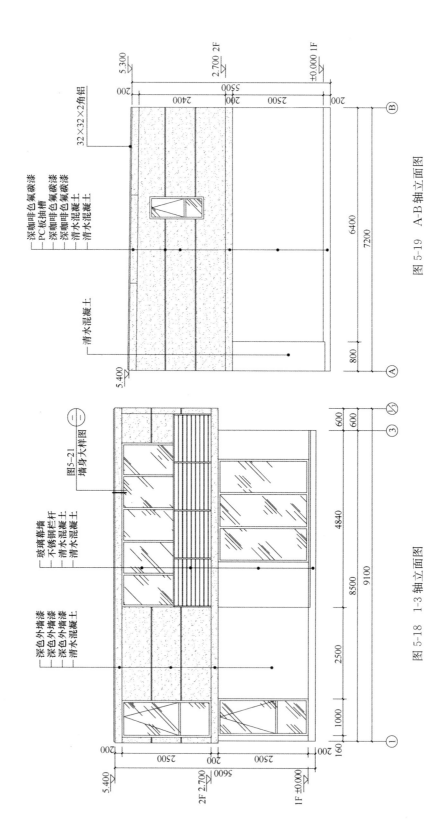

图 5-19 A-B 轴立面图

32×32×2角铝

深咖啡色氟碳漆
PC板抽槽
深咖啡色氟碳漆
深咖啡色氟碳漆
清水混凝土
清水混凝土

清水混凝土

图5-21
墙身大样图（一）

玻璃幕墙
不锈钢栏杆
清水混凝土
清水混凝土

深色外墙漆
深色外墙漆
深色外墙漆
清水混凝土

图 5-18 1-3 轴立面图

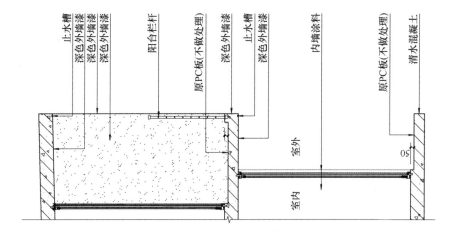

图 5-21 墙身大样图

深色外墙漆
止水槽
深色外墙漆
深色外墙漆
阳台栏杆
原PC板(不做处理)
深色外墙漆
止水槽
深色外墙漆
内墙涂料
室外
室内
原PC板(不做处理)
清水混凝土

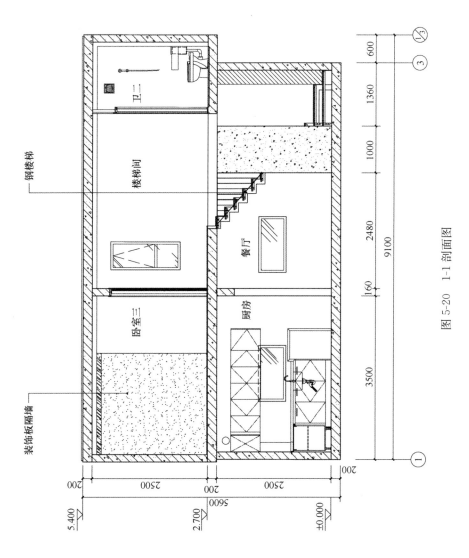

图 5-20 1-1 剖面图

钢楼梯
装饰板隔墙

楼梯间
卧室三
餐厅
厨房

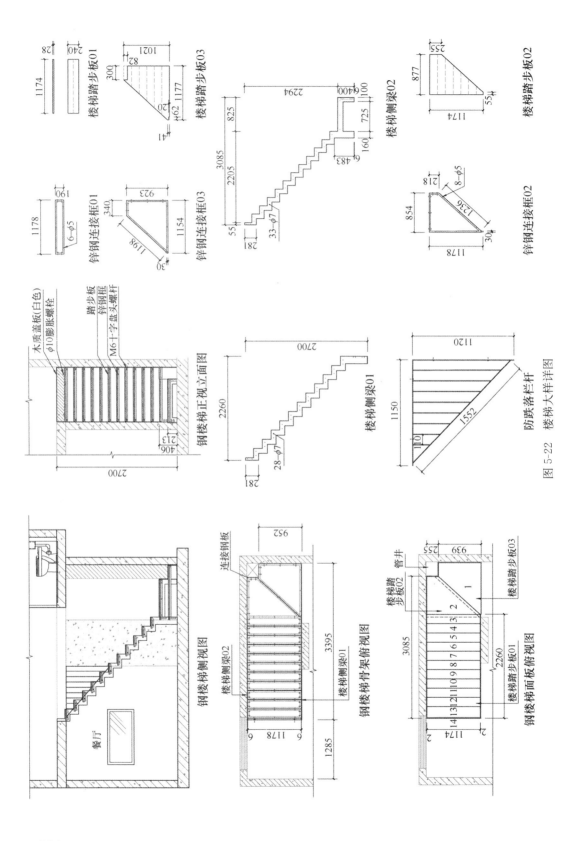

图5-22 楼梯大样详图

楼梯踏步板01

楼梯踏步板03

楼梯侧梁02

楼梯踏步板02

锌钢连接框01

锌钢连接框03

锌钢连接框02

木质盖板(白色)
踏步板
锌钢框
φ10膨胀螺栓
M6十字盘头螺杆

钢楼梯正视立面图

楼梯侧梁01

防跌落栏杆

钢楼梯侧视图

餐厅

钢楼梯骨架俯视图

连接钢板

楼梯侧梁02

楼梯侧梁01

钢楼梯面板俯视图

管井

楼梯踏步板02

楼梯踏步板03

楼梯踏步板01

BOX 三房（平层）

功能规划：三室两厅两卫
层　　数：一层
占地面积：84.00m²
建筑面积：81.00m²
预 制 率：100%

BOX Ⅲ（Flat）

Functional planning：three bedrooms，two living rooms and two bathrooms
Storey：one
Floor area：84.00m²
Building area：81.00m²
Prefabricated rate：100%

　　下文从平面、立面、剖面以及构件（图5-23～图5-26）对三房（平层）进行介绍。

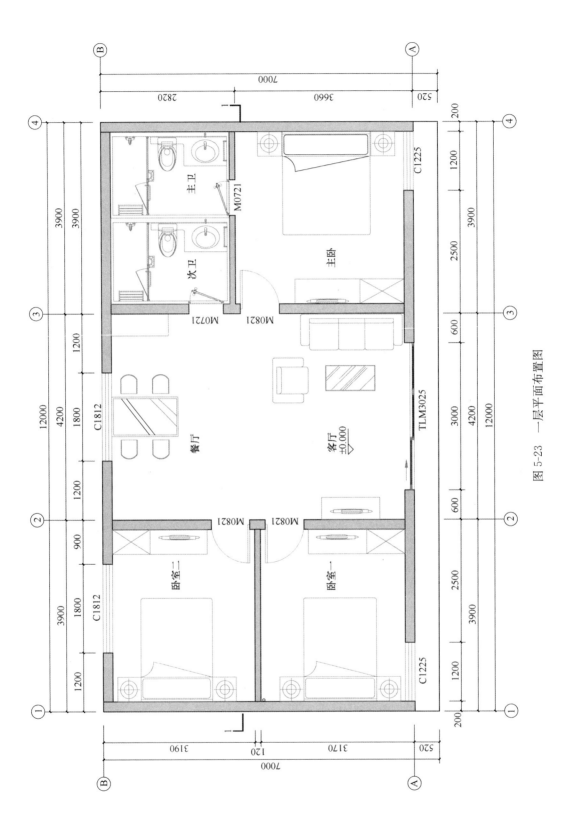

图 5-23 一层平面布置图

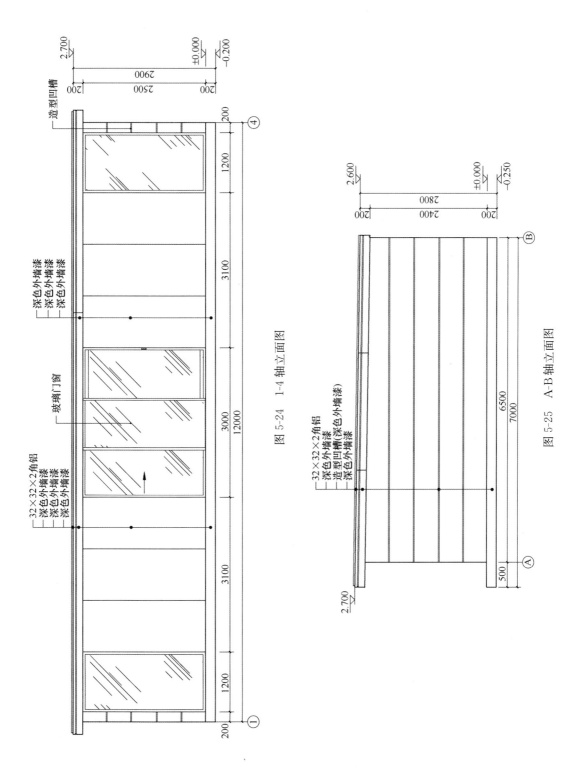

图 5-24　1-4 轴立面图

图 5-25　A-B 轴立面图

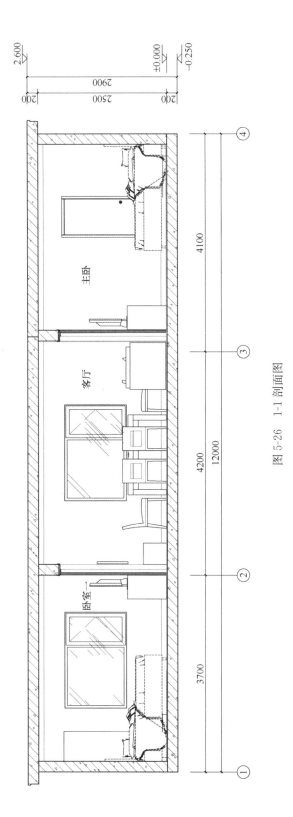

图 5-26　1-1 剖面图

第6章 法式预制装配式别墅

法式别墅

功能规划：七室四厅五卫一露台两车位
层　　数：两层
占地面积：244.60m²
建筑面积：435m²
预 制 率：100%

French Villa

Functional planning: seven bedrooms, four living rooms, five bathrooms, one terrace and two parking lots
Storeys: two
Floor area: 244.60m²
Building area: 435m²
Prefabricated rate: 100%

　　下文将从平面、立面、剖面以及带肋墙板、带肋楼板等构件（图 6-1～图 6-10）对该系列别墅进行详细展示。

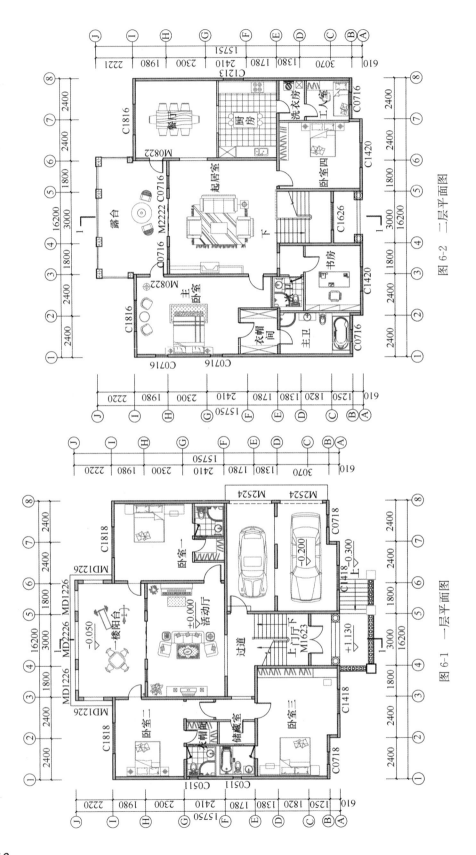

图 6-2 二层平面图

图 6-1 一层平面图

210

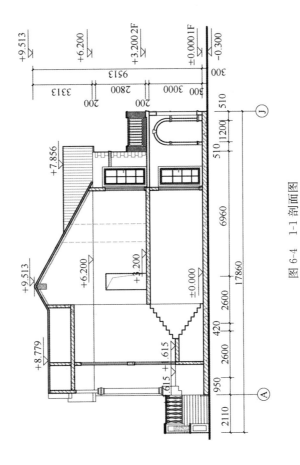

图 6-4 1-1 剖面图

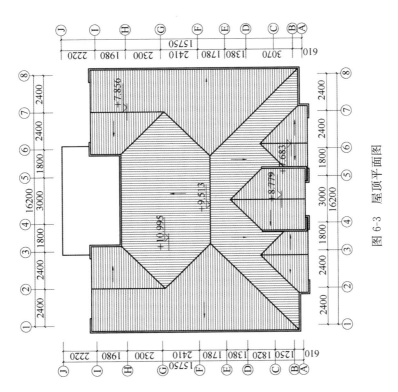

图 6-3 屋顶平面图

211

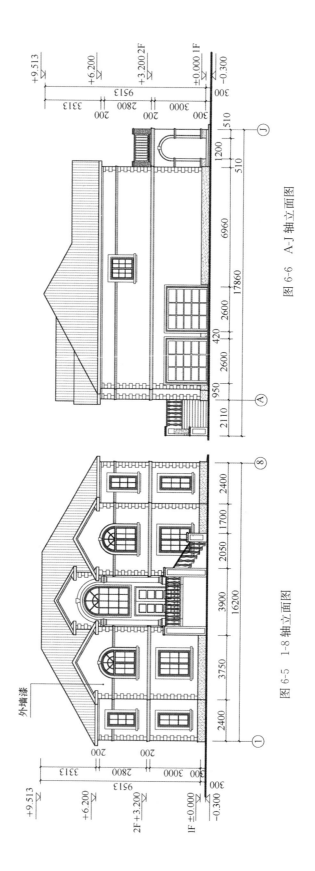

图 6-6　A-J 轴立面图

图 6-5　1-8 轴立面图

外墙漆

212

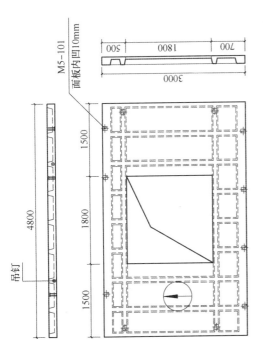

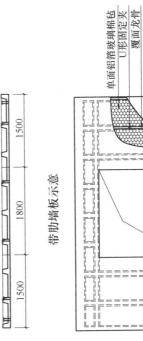

带肋墙板示意

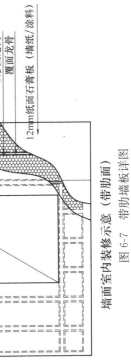

墙面室内装修示意（带肋面）

图 6-7　带肋墙板详图

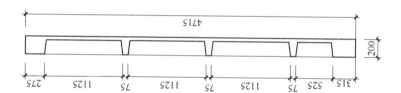

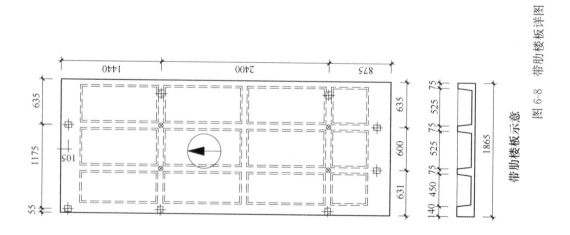

带肋楼板示意

图 6-8　带肋楼板详图

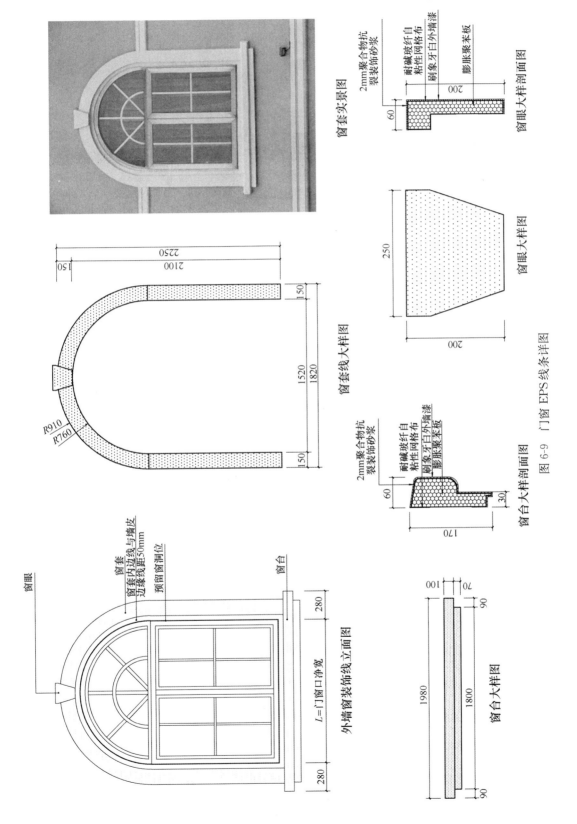

窗套实景图

窗眼大样剖面图

2mm聚合物抗裂装饰砂浆
耐碱玻纤自粘性网格布
刷象牙白外墙漆
膨胀聚苯板

200

60

窗眼大样图

250

200

窗套线大样图

2250
2100
150

150

1520
1820

150

R910
R760

窗台大样剖面图

2mm聚合物抗裂装饰砂浆
耐碱玻纤自粘性网格布
刷象牙白外墙漆
膨胀聚苯板

60

170

30

图 6-9　门窗 EPS 线条详图

窗眼

窗套内边线与墙皮边缘线距50mm
窗套
预留窗洞位

窗台

280

L=门窗口净宽

外墙窗装饰线立面图

280

窗台大样图

001
70
90

1980

1800

90

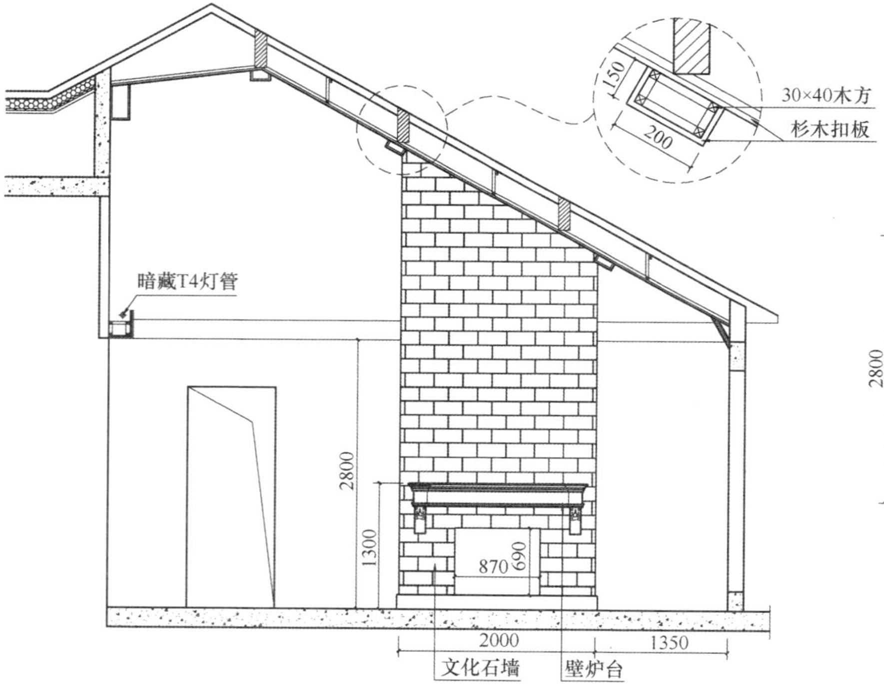

文化石墙大样

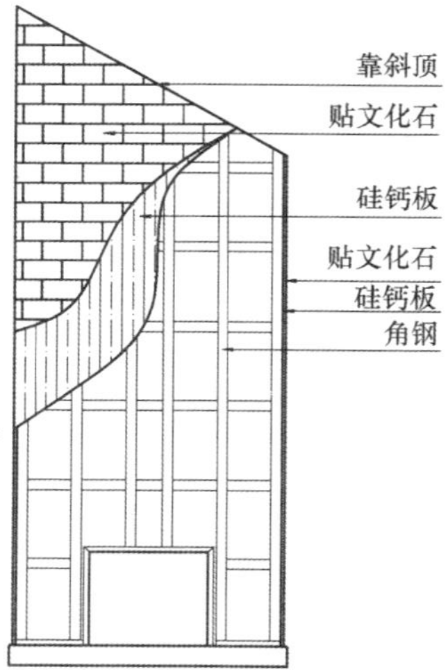

靠斜顶
贴文化石
硅钙板
贴文化石
硅钙板
角钢

红砖 大理石

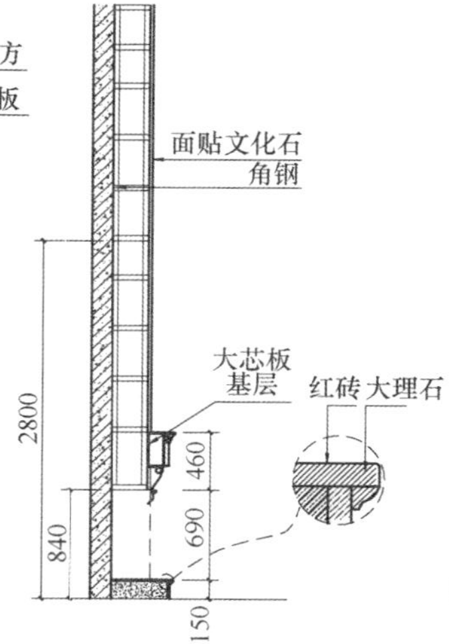

面贴文化石
角钢

大芯板
基层

460 690 150

840

2800

壁炉剖面图

30×40木方
杉木扣板

200

150

暗藏T4灯管

1350

壁炉台

069

870

文化石墙

2000

1300

2800

二层起居室剖立面图

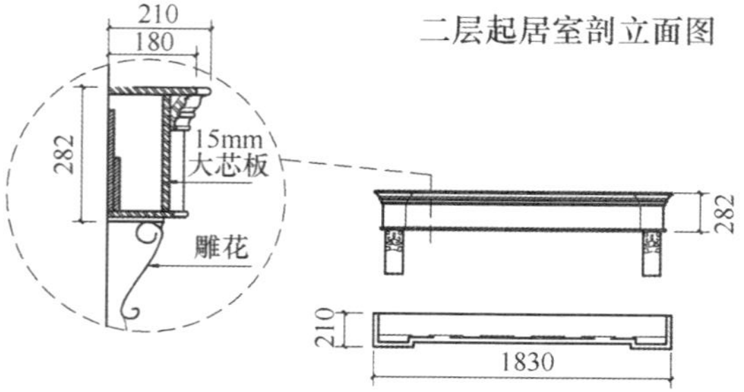

282

1830

210

壁炉台制作图

15mm大芯板

雕花

210

180

282

图 6-10　壁炉详图

216

第7章　山姆预制装配式别墅

山姆别墅

功能规划：五室三厅三卫一阳台
层　　数：两层
占地面积：143.30m²
建筑面积：261.53m²
预 制 率：100%

Sam Villa

Functional planning: five bedrooms, three living rooms, three bathrooms and one balcony
Storeys: two
Floor area: 143.30m²
Building area: 261.53m²
Prefabricated rate: 100%

　　下文将从平面、立面以及玄关栏杆、阳台栏杆等构件（图 7-1～图 7-9）对该系列别墅进行详细展示。

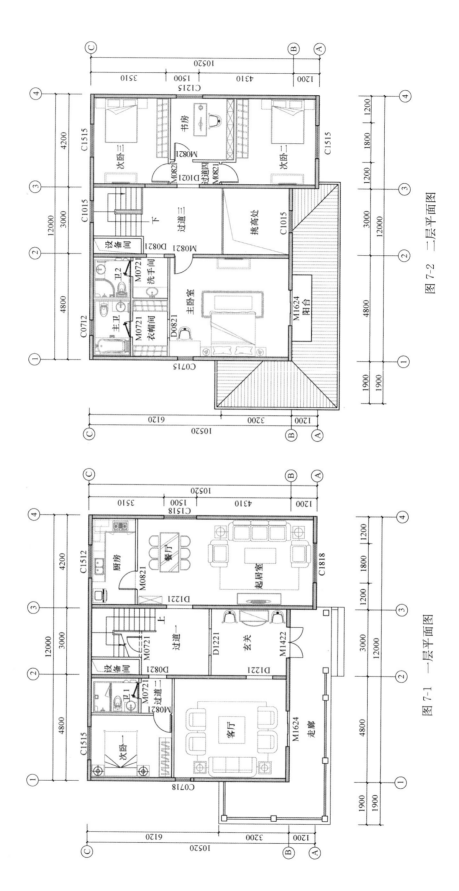

图 7-2 二层平面图

图 7-1 一层平面图

218

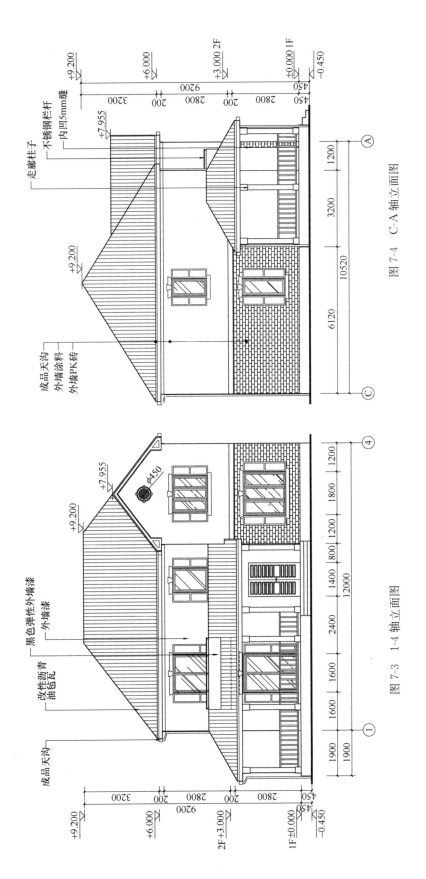

图 7-4 C-A 轴立面图

图 7-3 1-4 轴立面图

走廊柱子
不锈钢栏杆
内凹凹5mm缝

+7.955
+9.200

成品天沟
外墙涂料
外墙PK砖

黑色弹性外墙漆
外墙漆

改性沥青
油毡瓦

成品天沟

+7.955
+9.200
φ450

219

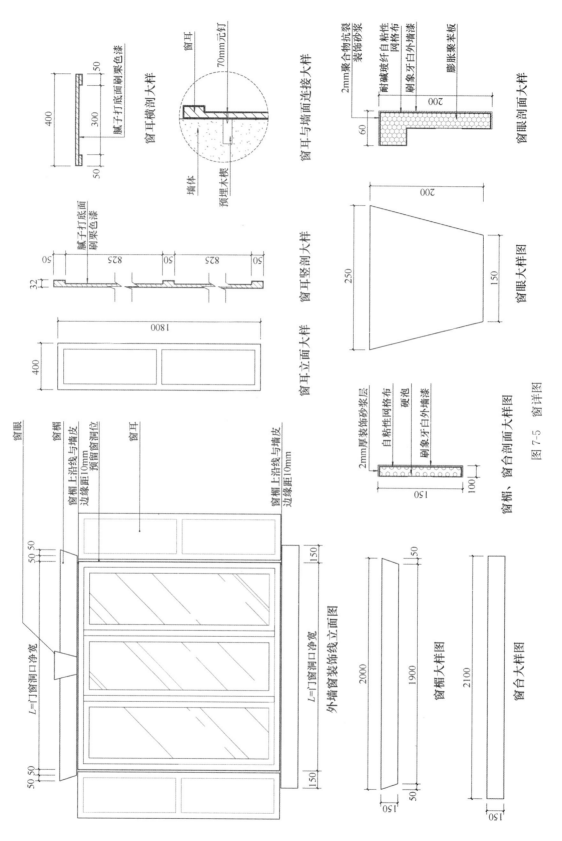

窗耳横剖大样
腻子打底面刷栗色漆
400
50 300 50

窗耳与墙面连接大样
窗耳
70mm元钉
墙体
预埋木楔

窗眼剖面大样
2mm聚合物抗裂装饰砂浆
耐碱玻纤自粘性网格布
刷象牙白外墙漆
膨胀聚苯板
200
60

窗耳竖剖大样
腻子打底面刷栗色漆
32
50 82.5 50 82.5 50

窗耳立面大样
1800
400

窗眼大样图
200
250
150

窗楣、窗台剖面大样图
2mm厚装饰砂浆层
自粘性网格布
硬泡
刷象牙白外墙漆
150
100

外墙窗装饰线立面图
窗眼
窗楣
窗耳
窗楣上沿线与墙皮边缘距10mm预留窗洞位
窗楣上沿线与墙皮边缘距10mm
L=门窗洞口净宽
L=门窗洞口净宽
50 50
50 50
150
150

窗楣大样图
2000
1900
150
50
150

窗台大样图
2100
150

图 7-5　窗详图

220

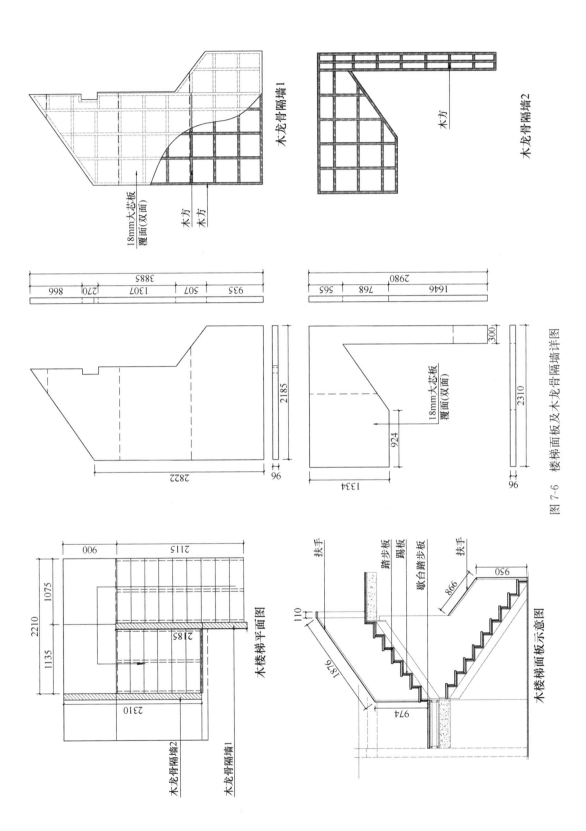

木龙骨隔墙1

18mm大芯板
覆面(双面)

木方
木方

木龙骨隔墙2

木方

3885
935 | 507 | 1307 | 270 | 866

2980
1646 | 768 | 565

2822

2185

96

1334

924

18mm大芯板
覆面(双面)

300

2310

96

图 7-6 楼梯面板及木龙骨隔墙详图

900

2115

1075

2210

1135

2185

2310

木龙骨隔墙2

木龙骨隔墙1

木楼梯平面图

扶手

踏步板
踢板
歇台踏步板
扶手

110

898

950

1876

974

木楼梯面板示意图

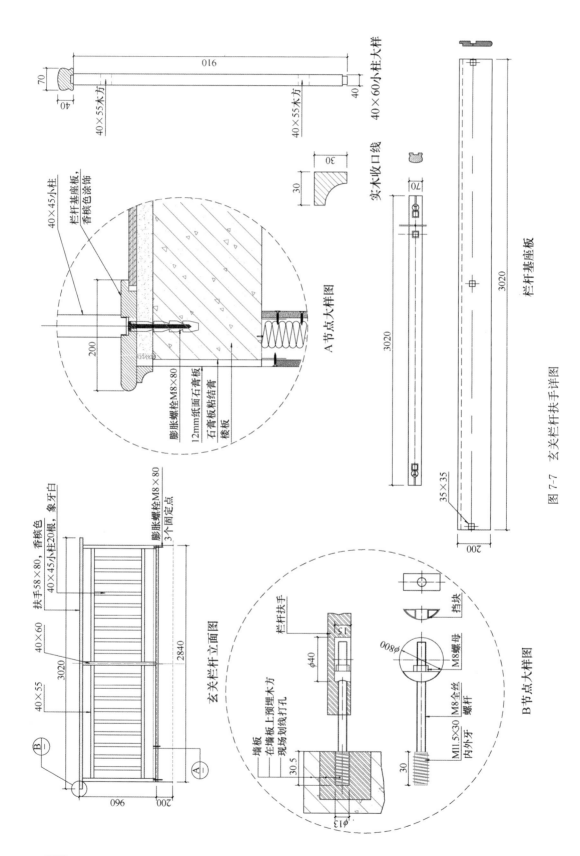

016

40×55木方

70

40

40×55木方

40

40×60小柱大样

30

30

实木收口线

3020

70

栏杆基座板

3020

35×35

200

A节点大样图

40×45小柱

栏杆基座板，香槟色涂饰

200

膨胀螺栓M8×80
12mm纸面石膏板
石膏板粘结膏
楼板

图7-7 玄关栏杆扶手详图

扶手58×80，香槟色，象牙白
40×45小柱20根
40×60
40×55
3020
2840
膨胀螺栓M8×80
3个固定点

玄关栏杆立面图

B
A

960

200

栏杆扶手

φ40

墙板
在墙板上预埋木方
现场划线打孔

30.5

φ13

挡块

φ800

M8螺母
M8全丝
螺杆

M11.5×30
内外牙

30

B节点大样图

222

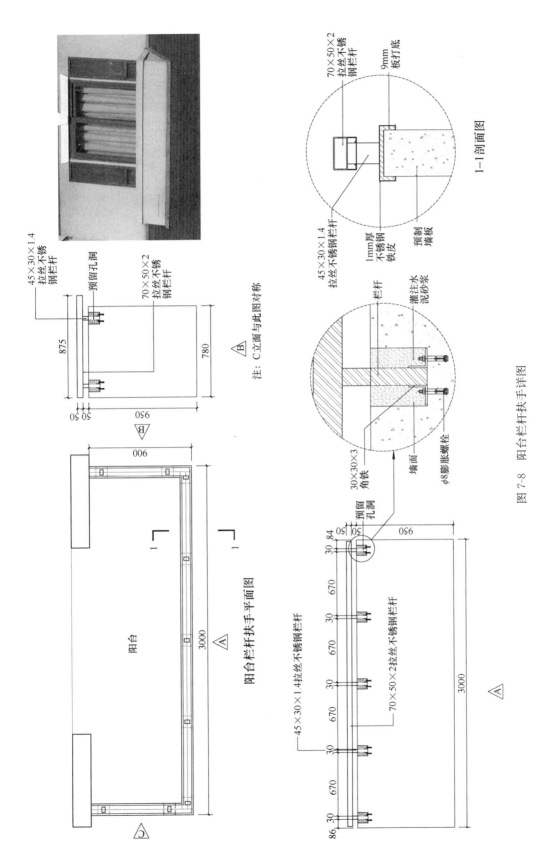

注：C立面与此图对称

阳台栏杆扶手平面图

70×50×2
拉丝不锈
钢栏杆

45×30×1.4
拉丝不锈
钢栏杆

预留孔洞

70×50×2
拉丝不锈
钢栏杆

1mm厚
不锈钢
铁皮

9mm
板打底

预制
墙板

1—1剖面图

45×30×1.4
拉丝不锈钢栏杆

栏杆

灌注水
泥砂浆

30×30×3
角铁

墙面

φ8膨胀螺栓

预留孔洞

45×30×1.4拉丝不锈钢栏杆

70×50×2拉丝不锈钢栏杆

图 7-8 阳台栏杆扶手详图

阳台

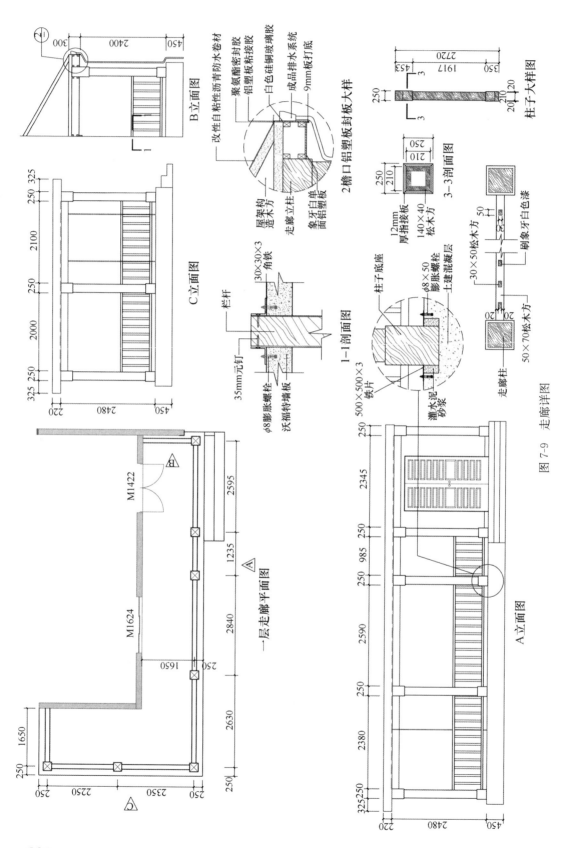

图 7-9 走廊详图

B立面图

C立面图

一层走廊平面图

2檐口铝塑封板大样

改性自粘性沥青防水卷材
聚氨酯封胶
铝塑板粘接胶
白色硅铜玻璃胶
成品排水系统
9mm板打底
屋架构造木方
走廊立柱
象牙白单面铝塑板

柱子大样图

3—3剖面图

12mm厚拼接板
140×40松木方

柱子底座
φ8×50膨胀螺栓
土建混凝层
500×500×3铁片
灌水泥砂浆

30×50松木方
刷象牙白色漆
50×70松木方

走廊柱

1—1剖面图

栏杆
30×30×3角铁
35mm元钉
φ8膨胀螺栓
沃福特墙板

A立面图

M1422
M1624

第8章 维多利亚预制装配式别墅

维多利亚别墅

功能规划：七室三厅三卫一露台
层　　数：两层
占地面积：171.55m²
建筑面积：280.95m²
预 制 率：100%

Victoria Villa

Functional planning: seven bedrooms, three living rooms, three bathrooms and one terrace
Storeys: two
Floor area: 171.55m²
Building area: 280.95m²
Prefabricated rate: 100%

下文将从平面、立面、剖面（图8-1～图8-7）对该系列别墅进行详细展示。

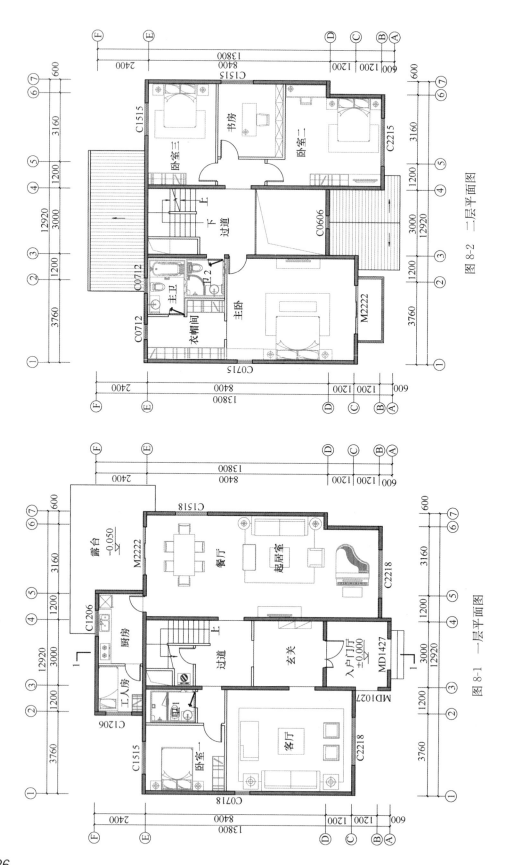

图 8-1 一层平面图

图 8-2 二层平面图

226

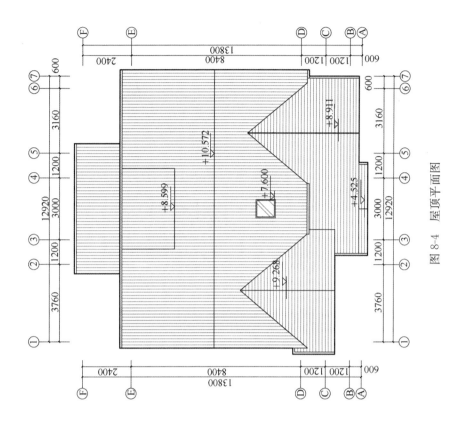

图 8-4 屋顶平面图

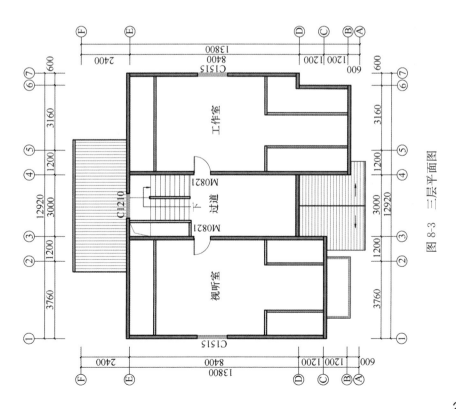

图 8-3 三层平面图

227

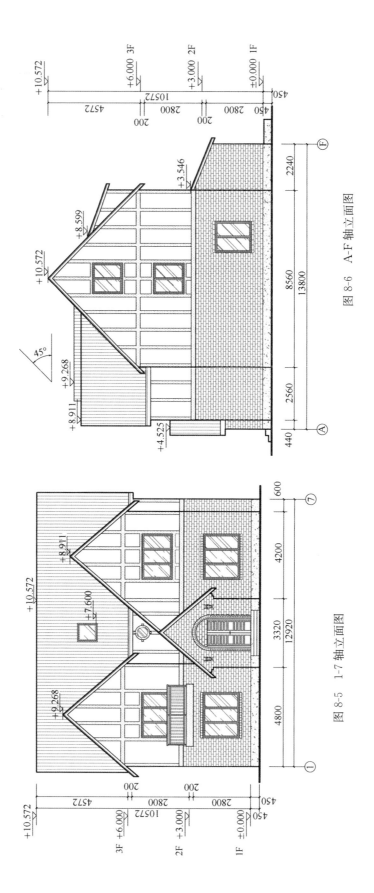

图 8-6 A-F 轴立面图

图 8-5 1-7 轴立面图

228

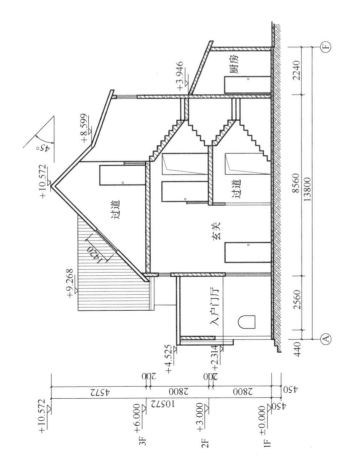

图 8-7　1-1 剖面图

第9章　北欧预制装配式别墅

北欧别墅

功能规划：四室两厅四卫一露台
层　　数：两层
占地面积：164.41m²
建筑面积：278.08m²
预 制 率：100%

Northern Europe Villa

Functional planning：four bedrooms，two living rooms，four bathrooms and one terrace
Storeys：two
Floor area：164.41m²
Building area：278.08m²
Prefabricated rate：100%

　　下文将从平面、立面、剖面以及走廊等构件（图 9-1～图 9-9）对该系列别墅进行详细展示。

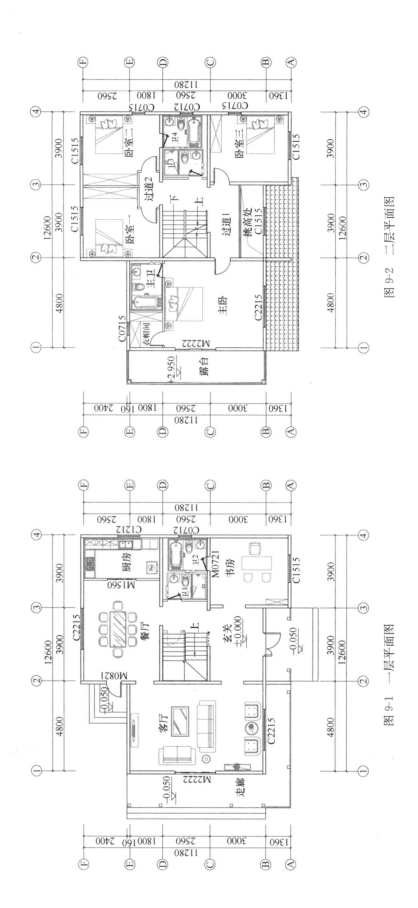

图 9-2 二层平面图

图 9-1 一层平面图

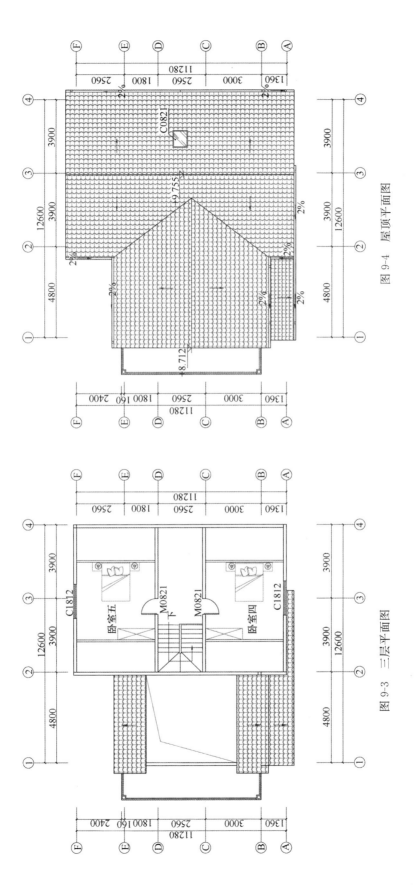

图 9-4 屋顶平面图

图 9-3 三层平面图

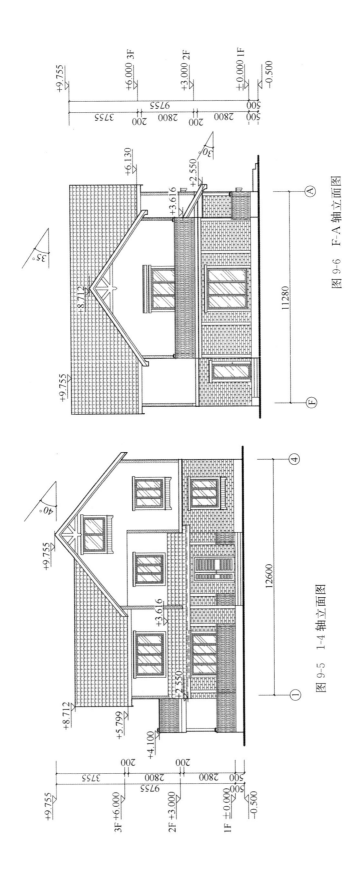

图 9-6 F-A轴立面图

图 9-5 1-4轴立面图

234

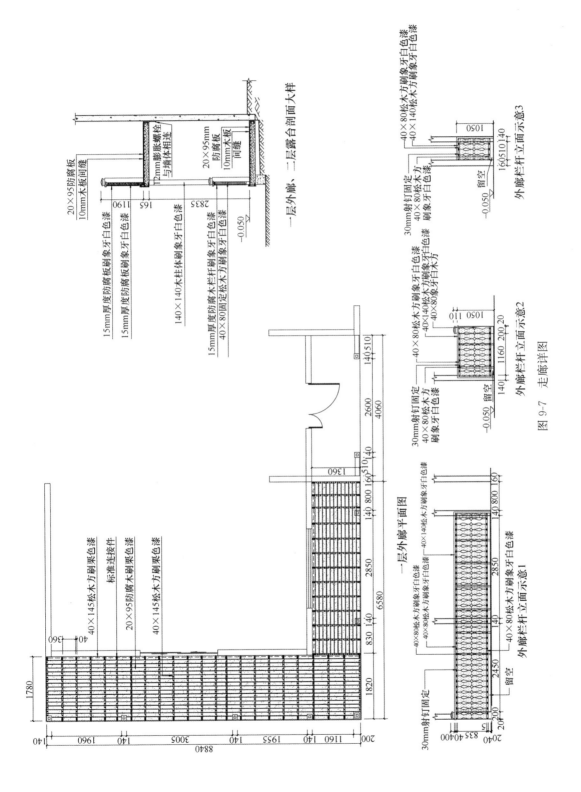

一层外廊、二层露台剖面大样

20×95防腐板
10mm木板间缝

12mm膨胀螺栓
与墙体相连

20×95mm
防腐板
10mm木板
间缝

15mm厚度防腐腐板板刷象牙白色漆
15mm厚度防腐腐板板刷象牙白色漆
140×140木柱体刷象牙白色漆
15mm厚度防腐木栏杆刷象牙白色漆
40×80固定松木方刷象牙白色漆

40×80松木方刷象牙白色漆
40×140松木方刷象牙白色漆

30mm射钉固定
40×80松木方
刷象牙白色漆

外廊栏杆立面示意3

外廊栏杆立面示意2

30mm射钉固定
40×80松木方
刷象牙白色漆

40×80松木方刷象牙白色漆
40×140松木方刷象牙白色漆
40×80象牙白色漆

图9-7 走廊详图

40×145松木方刷栗色漆
标准连接件
20×95防腐木刷栗色漆
40×145松木方刷栗色漆

一层外廊平面图

40×80松木方刷象牙白色漆
40×80松木方刷象牙白色漆
40×140松木方刷象牙白色漆
40×80松木方刷象牙白色漆

30mm射钉固定

外廊栏杆立面示意1

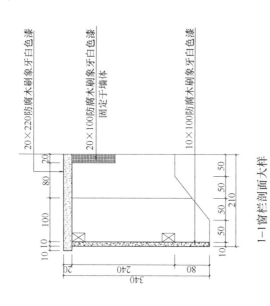

20×220防腐木刷象牙白色漆

20×100防腐木刷象牙白色漆
固定于墙体

10×100防腐木刷象牙白色漆

1—1窗栏剖面大样

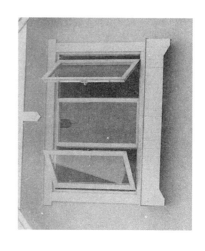

20×20防腐板板刷象牙白色漆

20×40防腐板板刷象牙白色漆

C1812窗大样图

20×220防腐木刷象牙白色漆
20×30小条条固定
10×100防腐木刷象牙白色漆

窗栏大样图

图 9-8　窗详图

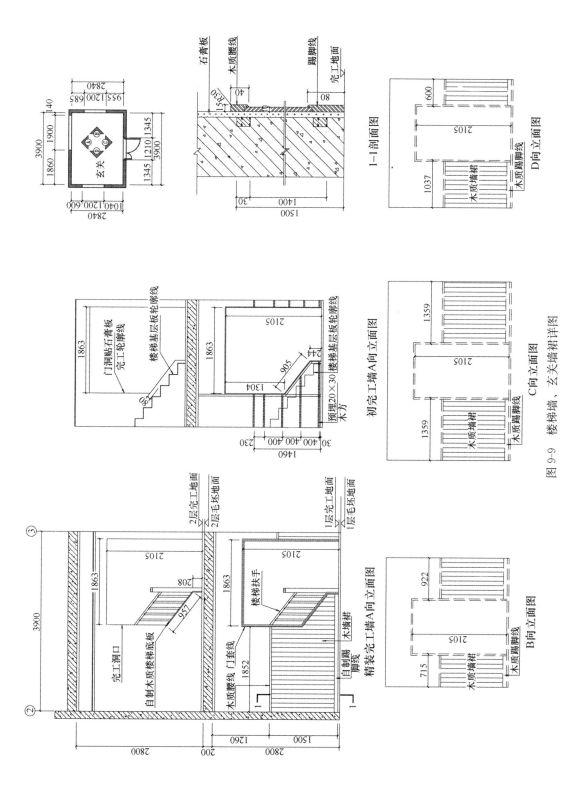

石膏板
木质腰线
踢脚线
完工地面
1—1剖面图

D向立面图
木质踢脚线
木质墙裙
600
2105
1037

初完工墙A向立面图
门洞贴石膏板
完工轮廓线
楼梯基层板轮廓线
楼梯轮廓线
预埋20×30楼梯基层板轮廓线
木方
1863
1863
905
1304
30 400 400 400
1460

C向立面图
木质踢脚线
木质墙裙
1359
2105
1359

玄关
2840
3900
3900
2840

精装完工墙A向立面图
完工洞口
自制木楼梯底板
木质腰线
门套线
自制踢脚线
楼梯扶手
2层完工地面
2层毛坯地面
1层完工地面
1层毛坯地面
3900
1863
1863
208
957
1852
完工洞口
3 2
2800 200 2800
1500 1260

B向立面图
木质踢脚线
木质墙裙
922
2105
715

图9-9 楼梯墙、玄关墙裙详图

237

第 10 章　巴伐利亚预制装配式别墅

巴伐利亚别墅

功能规划：五室三厅三卫一露台一阳台
层　　数：两层
占地面积：174.00m²
建筑面积：293.20m²
预 制 率：100%

Bavaria Villa

Functional planning：five bedrooms，three living rooms，three bathrooms，one terrace and one balcony
Storeys：two
Floor area：174.00m²
Building area：293.20m²
Prefabricated rate：100%

　　下文将从平面、立面、剖面以及露台等构件（图 10-1～图 10-8）对该系列别墅进行详细展示。

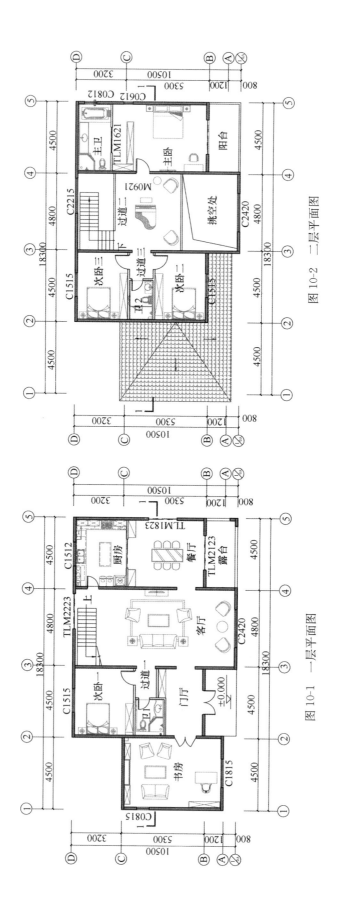

图 10-2 二层平面图

图 10-1 一层平面图

240

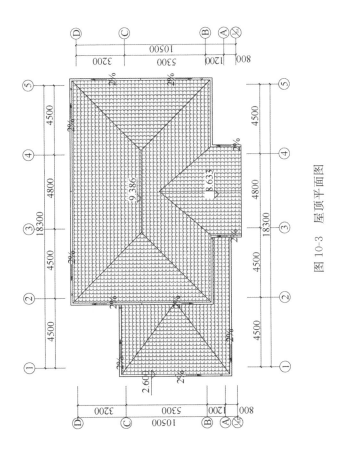

图 10-3 屋顶平面图

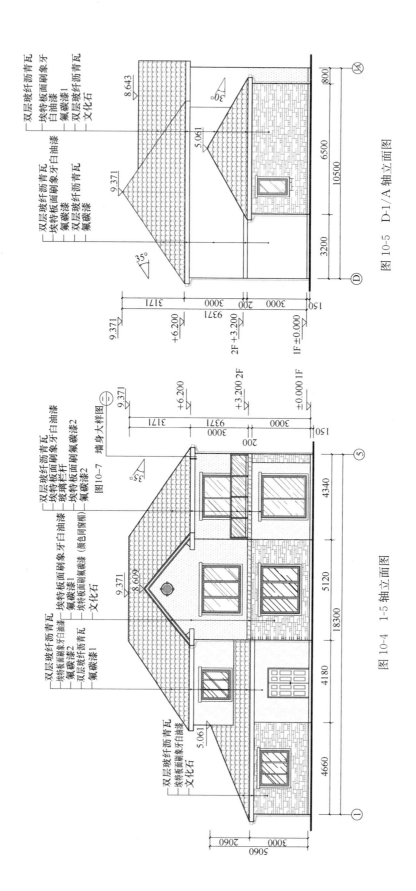

图 10-5 D-1/A 轴立面图

图 10-4 1-5 轴立面图

242

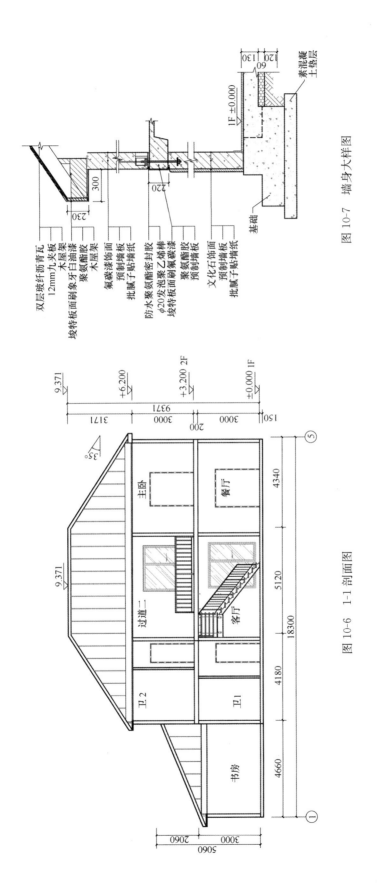

双层玻纤沥青瓦
12mm九夹板
木屋架
埃特板面刷象牙白油漆
聚醋酯胶
木屋架

氟碳漆饰面
预制墙板
批腻子贴墙纸

防水聚醋酯密封胶
φ20发泡聚乙烯棒
埃特板面刷氟碳漆
聚氨酯胶
预制墙板

文化石饰面
预制墙板
批腻子贴墙纸

基础

素混凝土垫层

图 10-7 墙身大样图

主卧
餐厅

过道二
客厅

卫 2
卫 1

书房

图 10-6 1-1 剖面图

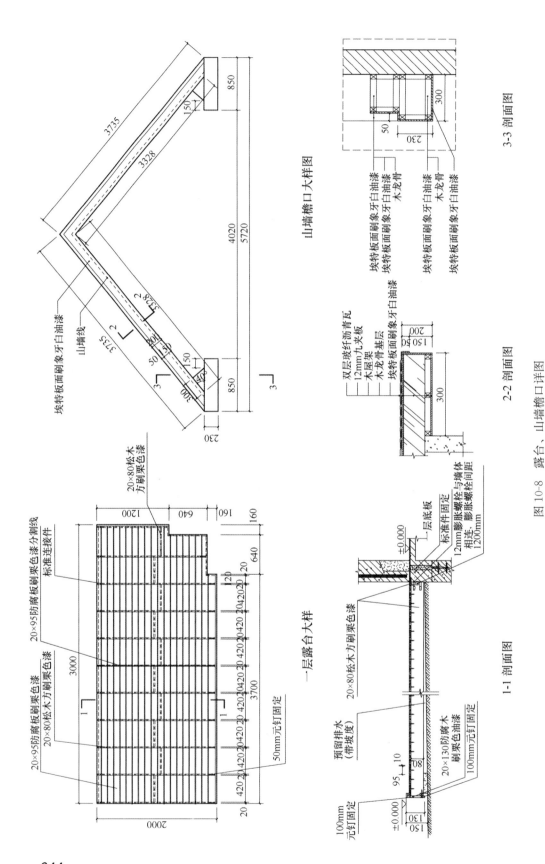

山墙檐口大样图

埃特板面刷象牙白油漆
山墙线

埃特板面刷象牙白油漆
埃特板面刷象牙白油漆
木龙骨
埃特板面刷象牙白油漆
木龙骨

3-3 剖面图

双层玻纤沥青瓦
12mm九夹板
木屋架
木龙骨基层
埃特板面刷象牙白油漆

2-2 剖面图 山墙檐口详图

20×80松木方刷栗色漆

20×95防腐板刷栗色漆分割线
标准连接件

一层露台大样

20×95防腐板刷栗色漆
20×80松木方刷栗色漆
50mm元钉固定

预留排水
（带坡度）
20×80松木方刷栗色漆
上层底板
标准件固定
12mm膨胀螺栓与墙体
相连，膨胀螺栓间距
1200mm
100mm
元钉固定
20×130防腐木
刷栗色油漆
100mm元钉固定

1-1 剖面图

图 10-8 露台、山墙檐口详图

244

第 11 章　达沃斯预制装配式酒店

达沃斯酒店

功能规划：50 间客房、餐饮、会议、健身
层　　数：五层
占地面积：1551.93m²
建筑面积：5932.28m²
预 制 率：100%

Davos Hotel

Functional planning：fifty rooms，dining rooms，meeting rooms and gyms
Storeys：five
Floor area：1551.93m²
Building area：5932.28m²
Prefabricated rate：100%

　　下文将从平面、立面、剖面以及钢屋架、木屋架等构件（图 11-1～图 11-12）对该系列酒店进行详细展示。

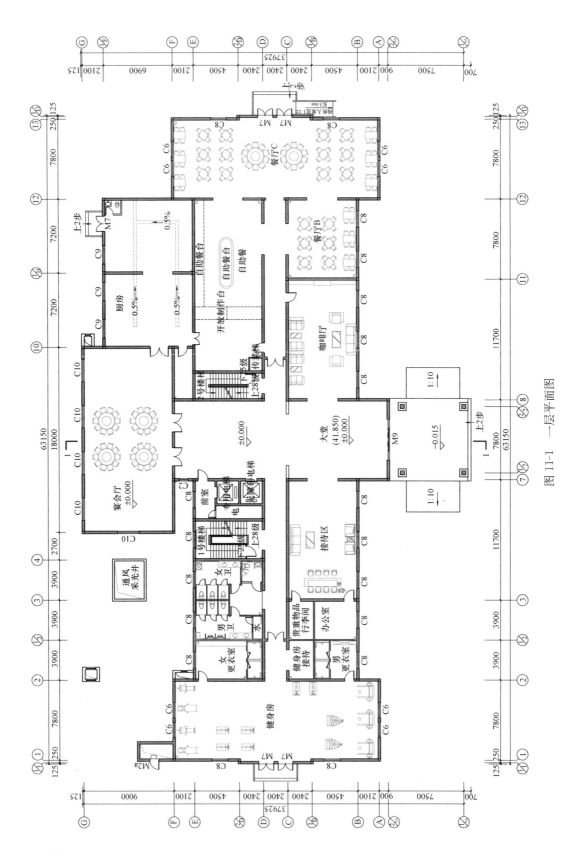

图 11-1 一层平面图

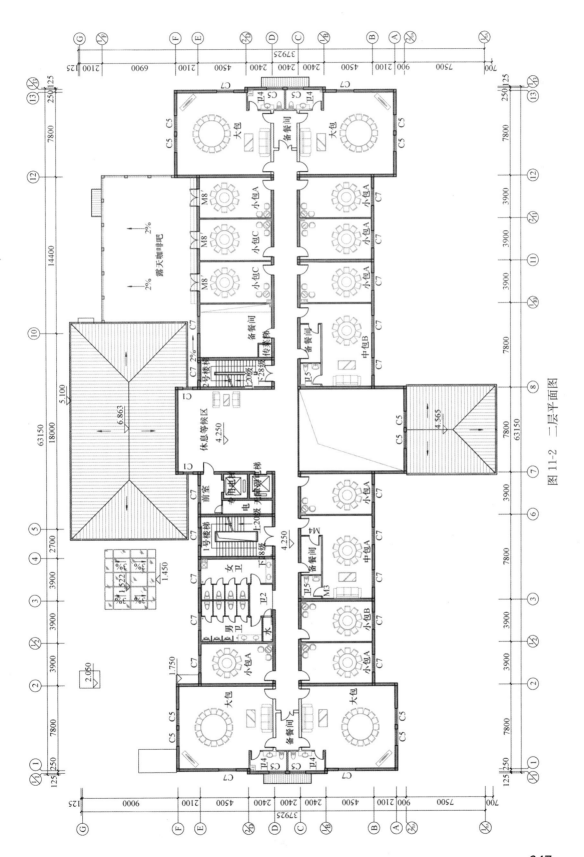

图 11-2 二层平面图

247

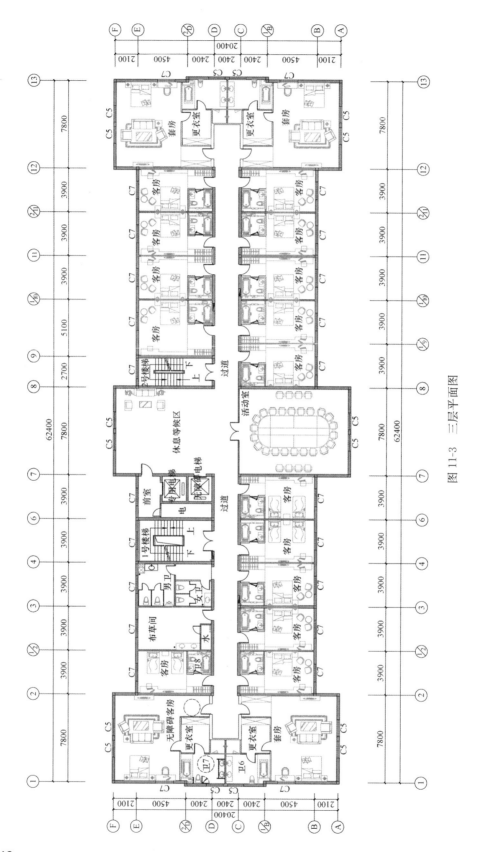

图 11-3 三层平面图

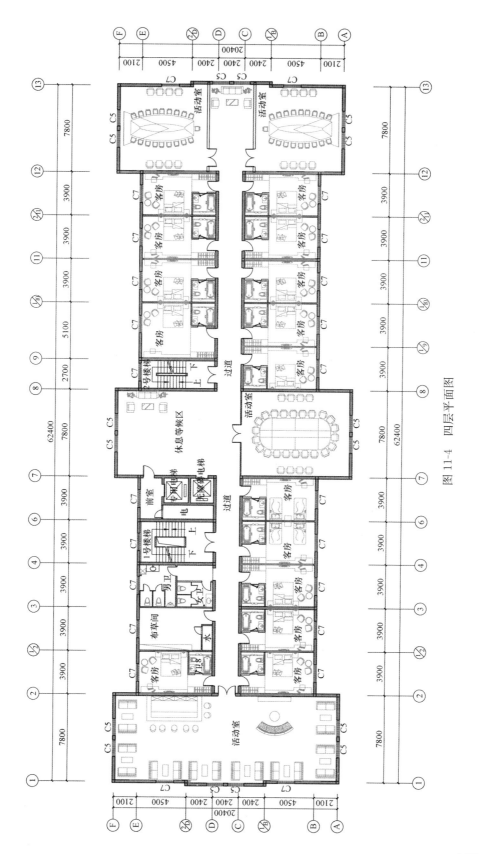

图 11-4 四层平面图

249

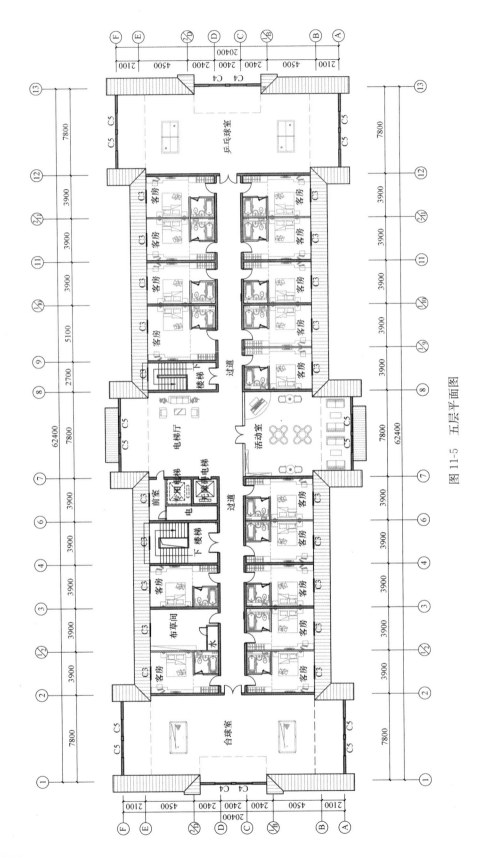

图 11-5 五层平面图

250

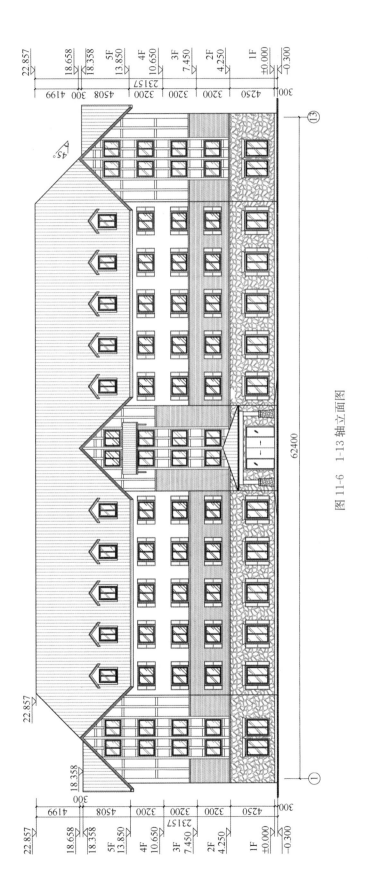

图 11-6　1-13 轴立面图

251

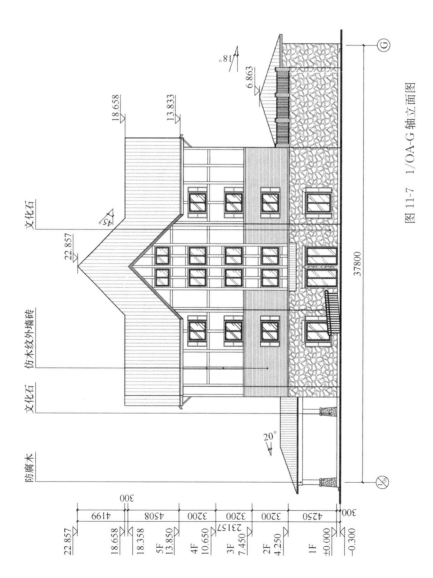

图 11-7 1/OA-G 轴立面图

252

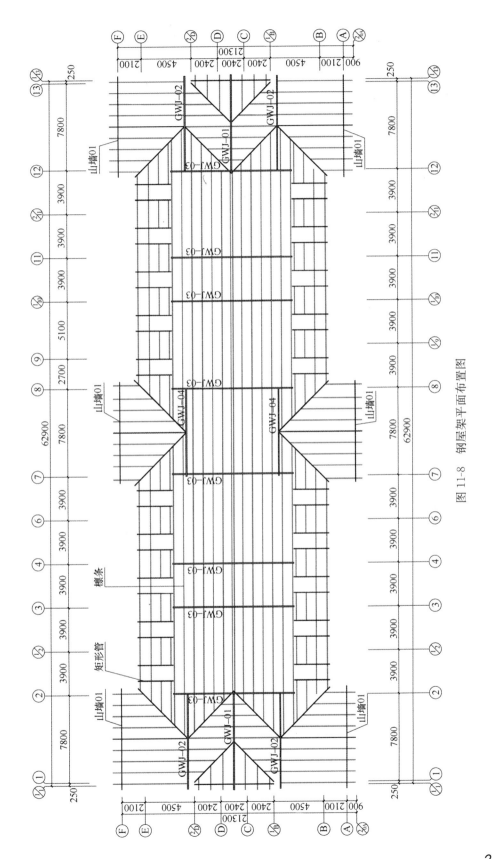

图 11-8　钢屋架平面布置图

253

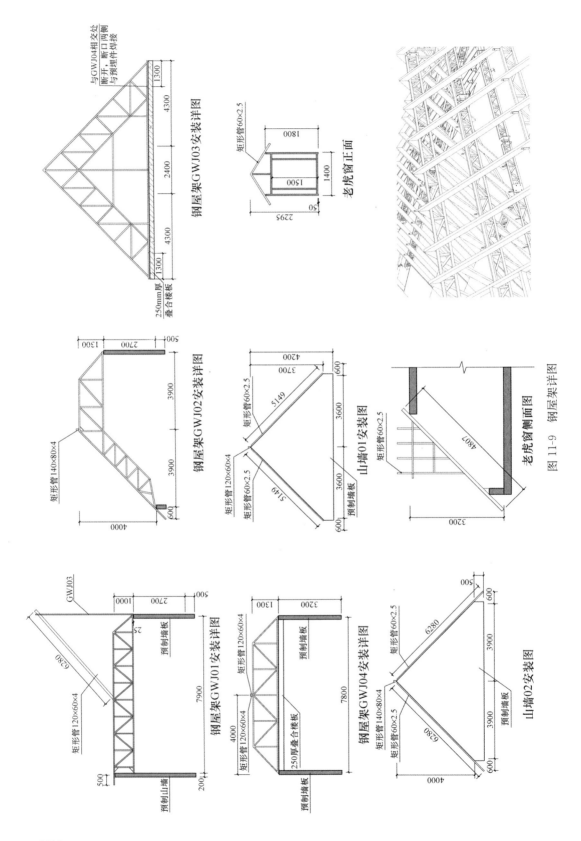

钢屋架GWJ03安装详图

与GWJ04相交处断开，断口两侧与预埋件焊接

1300
4300
2400
4300
1300

250mm厚叠合楼板

老虎窗正面

矩形管60×2.5

1800
1500
1400
50
2295

图11-9　钢屋架详图

钢屋架GWJ02安装详图

1300
2700
500
3900
3900
600
4000

矩形管140×80×4

山墙01安装图

4200
3700
600
5149
3600
3600
5149
600

矩形管120×60×4
矩形管60×2.5
矩形管60×2.5
预制墙板

老虎窗侧面图

矩形管60×2.5

4807
3200

钢屋架GWJ01安装详图

GWJ03
1000
2700
500
25
6380
7900
500
200

矩形管120×60×4
预制墙板
预制山墙

钢屋架GWJ04安装详图

1300
3200
4000
7800

矩形管120×60×4
250厚叠合楼板
预制墙板
预制墙板

山墙02安装图

500
600
6280
3900
6280
3900
600
4000

矩形管60×2.5
矩形管60×2.5
预制墙板

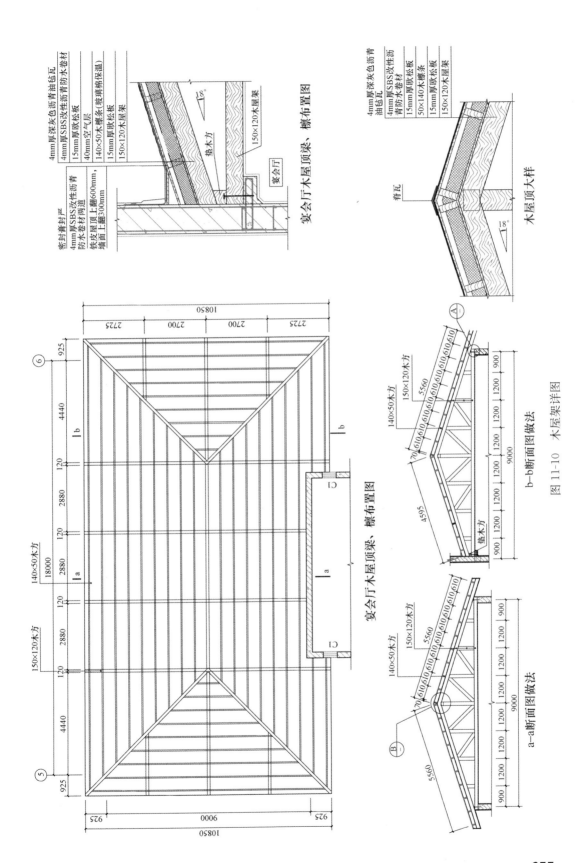

4mm厚深灰色沥青油毡瓦
4mm厚SBS改性沥青防水卷材
15mm厚欧松板
40mm空气层
140×50木檩条(玻璃棉保温)
15mm厚欧松板
150×120木屋梁

18°

150×120木屋梁

垫木方

宴会厅

密封膏封严
4mm厚SBS改性沥青
防水卷材顶上翻600mm，
墙面上翻300mm
铁皮屋顶上翻600mm，
墙面上翻300mm

宴会厅木屋顶梁、檩布置图

4mm厚深灰色沥青
油毡瓦
4mm厚SBS改性沥
青防水卷材
15mm厚欧松板
50×140木檩条
15mm厚欧松板
150×120木屋梁

脊瓦

18°

木屋顶大样

宴会厅木屋顶梁、檩布置图

140×50木方
150×120木方

2725 2700 2700 2725
10850

925 4440 120 2880 120 2880 120 2880 120 4440 925
18000

140×50木方
150×120木方

925 9000 925
10850

140×50木方
150×120木方
垫木方

70 610 610 610 610 610 610
5560
900 1200 1200 1200 1200 900
9000

b—b断面图做法

140×50木方
150×120木方

70 610 610 610 610 610 610
5560
900 1200 1200 1200 1200 900
9000

a—a断面图做法

图11-10 木屋架详图

255

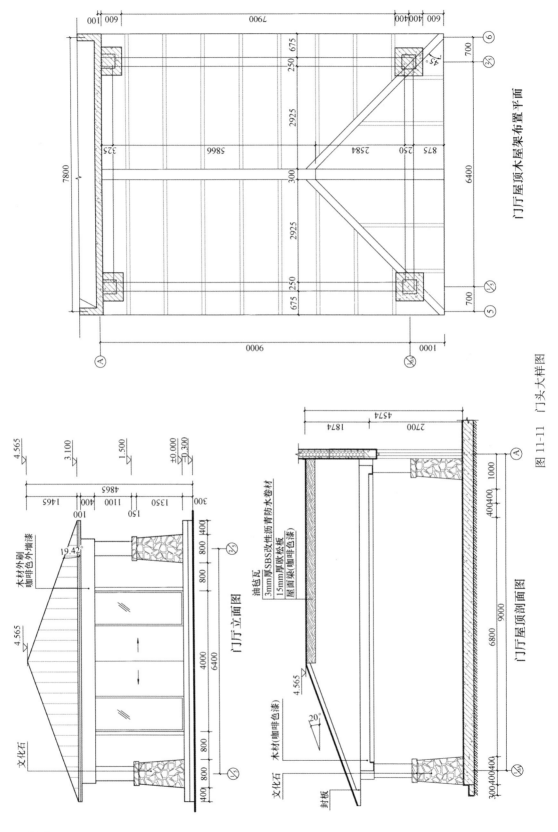

门厅屋顶木屋架布置平面

门厅立面图

门厅屋顶剖面图

油毡瓦
3mm厚SBS改性沥青防水卷材
15mm厚欧松板
屋面染咖啡色漆

木材外刷
咖啡色外墙漆

文化石

木材(咖啡色漆)

封板

文化石

图 11-11 门头大样图

256

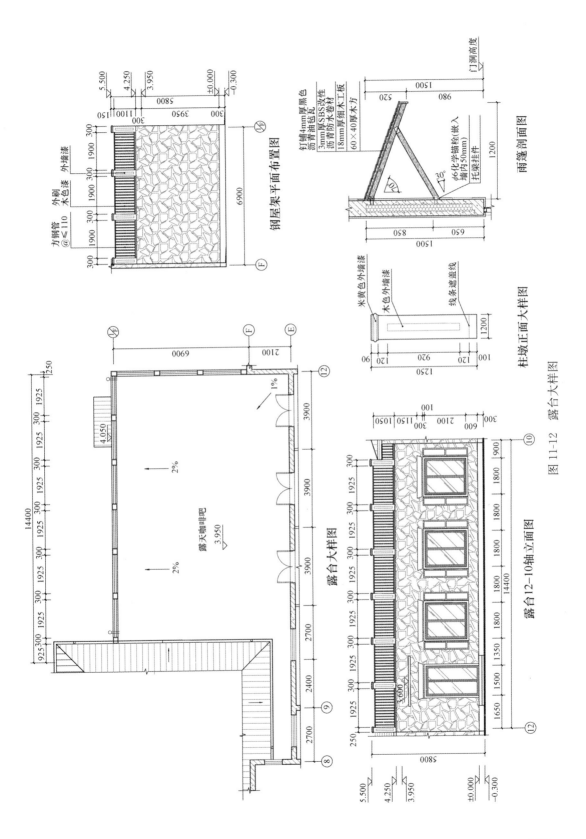

钢屋架平面布置图

方钢管 @≤110

外刷 木色漆

外刷 外墙漆

露天咖啡吧
3.950

露台大样图

钉铺4mm厚黑色沥青油毡瓦
3mm厚SBS改性沥青防水卷材
18mm厚细木工板
60×40厚木方

φ6化学锚栓(嵌入墙内50mm)
托梁挂件

门洞高度

雨篷剖面图

米黄色外墙漆

木色外墙漆

线条遮盖线

柱墩正面大样图

露台12–10轴立面图

图 11-12　露台大样图

257

第 12 章　瑞士预制装配式酒店

瑞士酒店

功能规划：30 间客房、餐饮
层　　数：四层
占地面积：631.12m²
建筑面积：1814.44m²
预 制 率：100%

Swiss Hotel

Functional planning：thirty rooms and dining rooms
Storeys：four
Floor area：631.12m²
Building area：1814.44m²
Prefabricated rate：100%

　　下文将从平面、立面、剖面以及阳台栏杆装饰、杉木扣板装饰等构件（图 12-1～图 12-13）对该系列酒店进行详细展示。

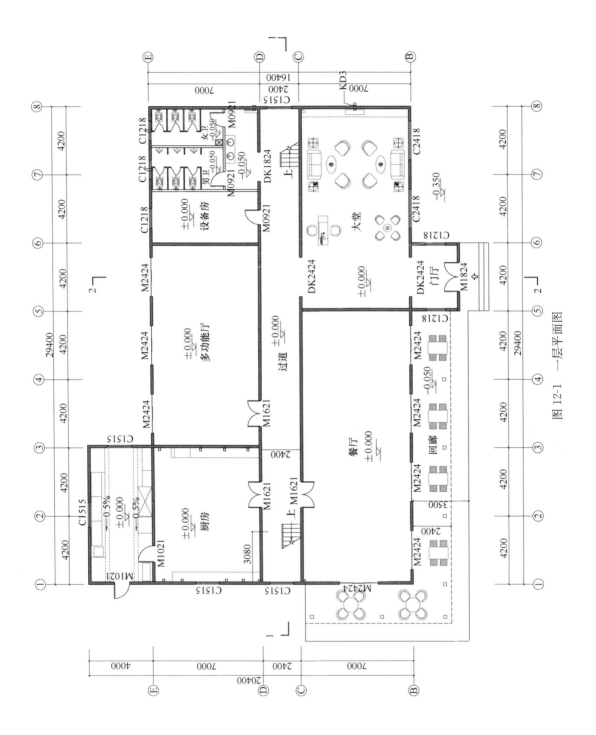

图 12-1 一层平面图

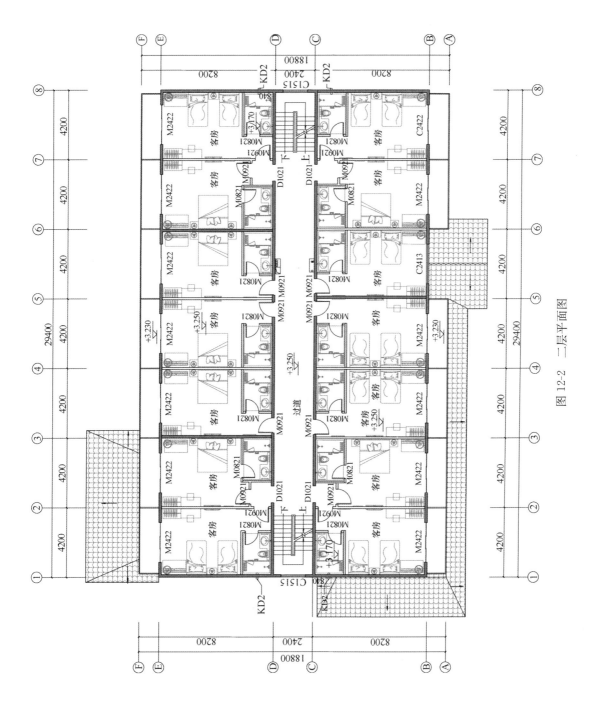

图 12-2 二层平面图

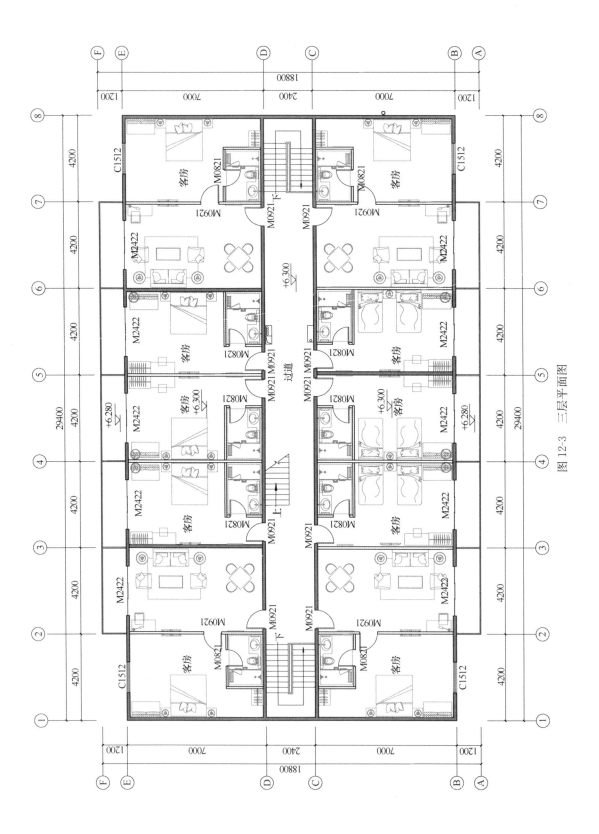

图 12-3 三层平面图

262

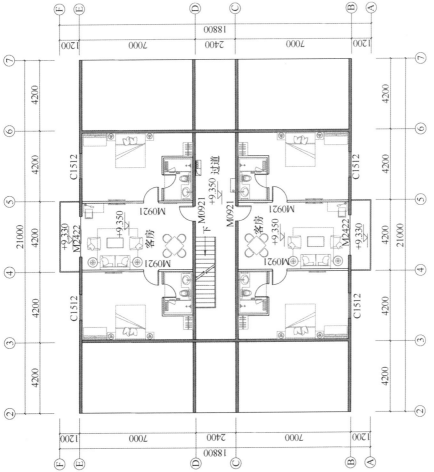

图 12-4 四层平面图

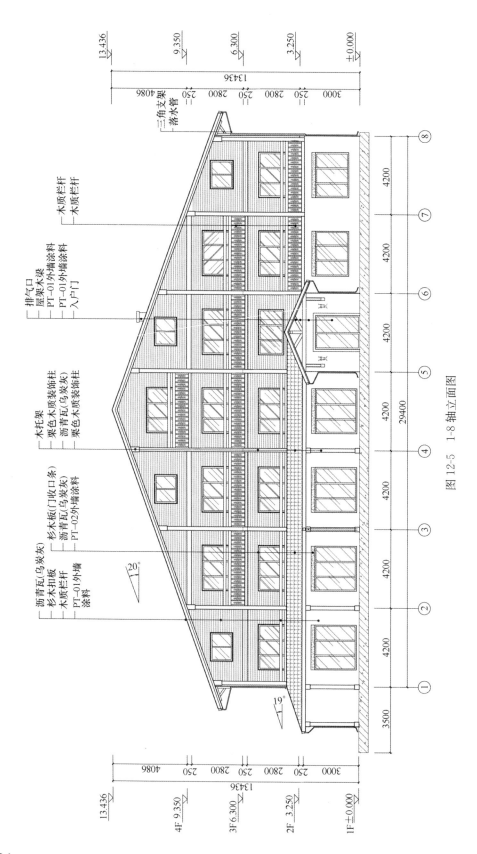

图 12-5 1-8 轴立面图

264

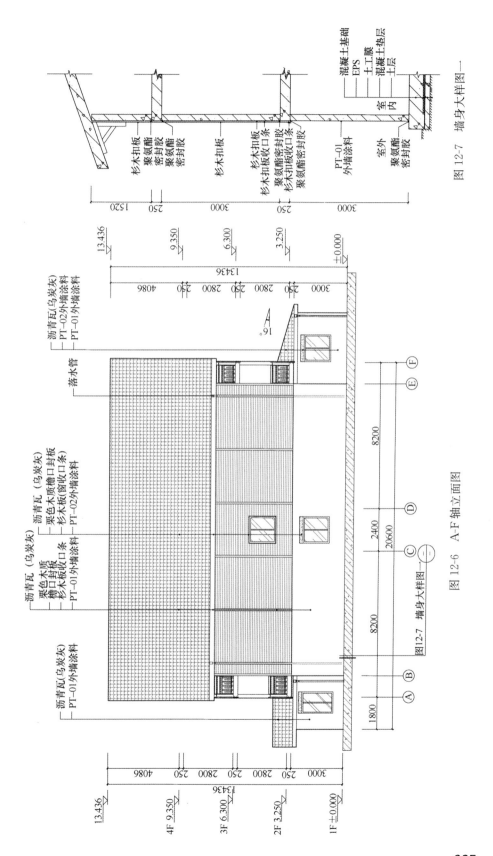

图 12-7 墙身大样图一

图 12-6 A-F 轴立面图

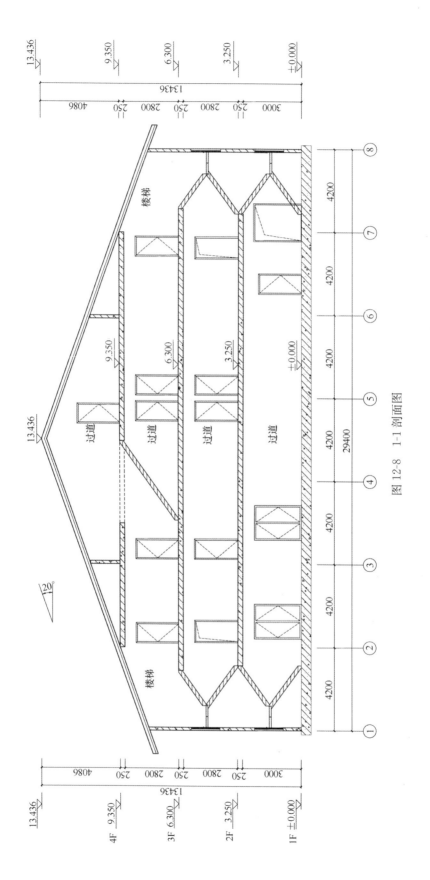

图 12-8 1-1 剖面图

266

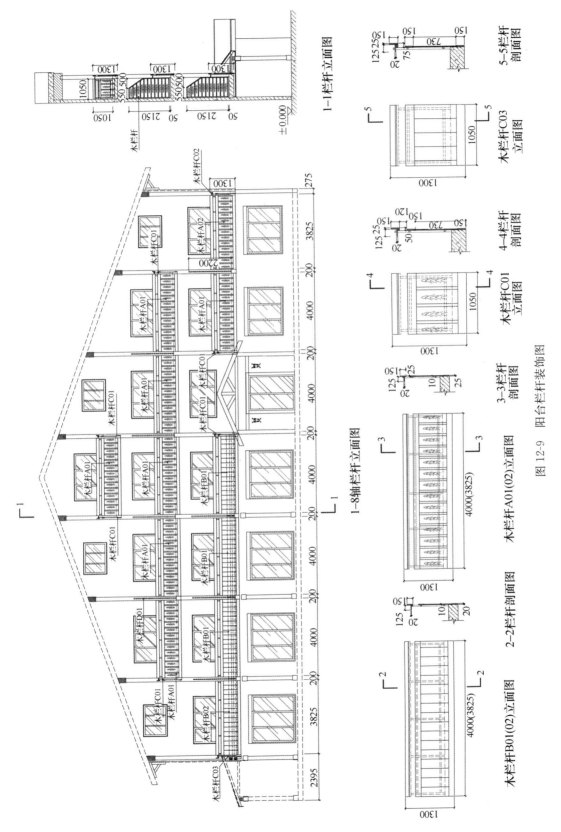

1-1栏杆立面图

5-5栏杆剖面图

木栏杆C03立面图

4-4栏杆剖面图

木栏杆C01立面图

3-3栏杆剖面图

木栏杆A01(02)立面图

2-2栏杆剖面图

木栏杆B01(02)立面图

1-8轴栏杆立面图

图12-9 阳台栏杆装饰图

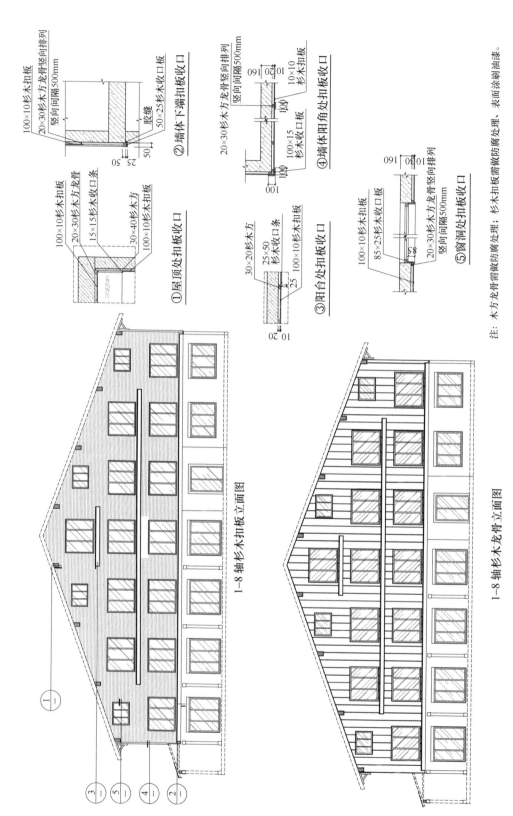

① 屋顶处扣板收口

100×10杉木扣板
20×30杉木方龙骨
15×15杉木收口条
30×40杉木方
100×10杉木扣板

② 墙体下端扣板收口

100×10杉木扣板
20×30杉木方龙骨竖向隔500mm
竖向间隔500mm
50~25杉木收口板
胶缝
50
25 50

③ 阳台处扣板收口

30×20杉木方
25×50
杉木收口条
25 100×10杉木扣板
10 20

④ 墙体阳角处扣板收口

20×30杉木方龙骨竖向排列
竖向间隔500mm
10×10
杉木扣板
160
10
100×15
杉木收口板
100
100

⑤ 窗洞处扣板收口

100×10杉木扣板
85×25杉木收口板
20×30杉木方龙骨竖向隔500mm
竖向间隔500mm
160
20
10

注：木方龙骨需做防腐处理；杉木扣板需做防腐处理，表面涂刷油漆。

1-8轴杉木扣板立面图

1-8轴杉木龙骨立面图

图 12-10 外墙木扣板装饰图

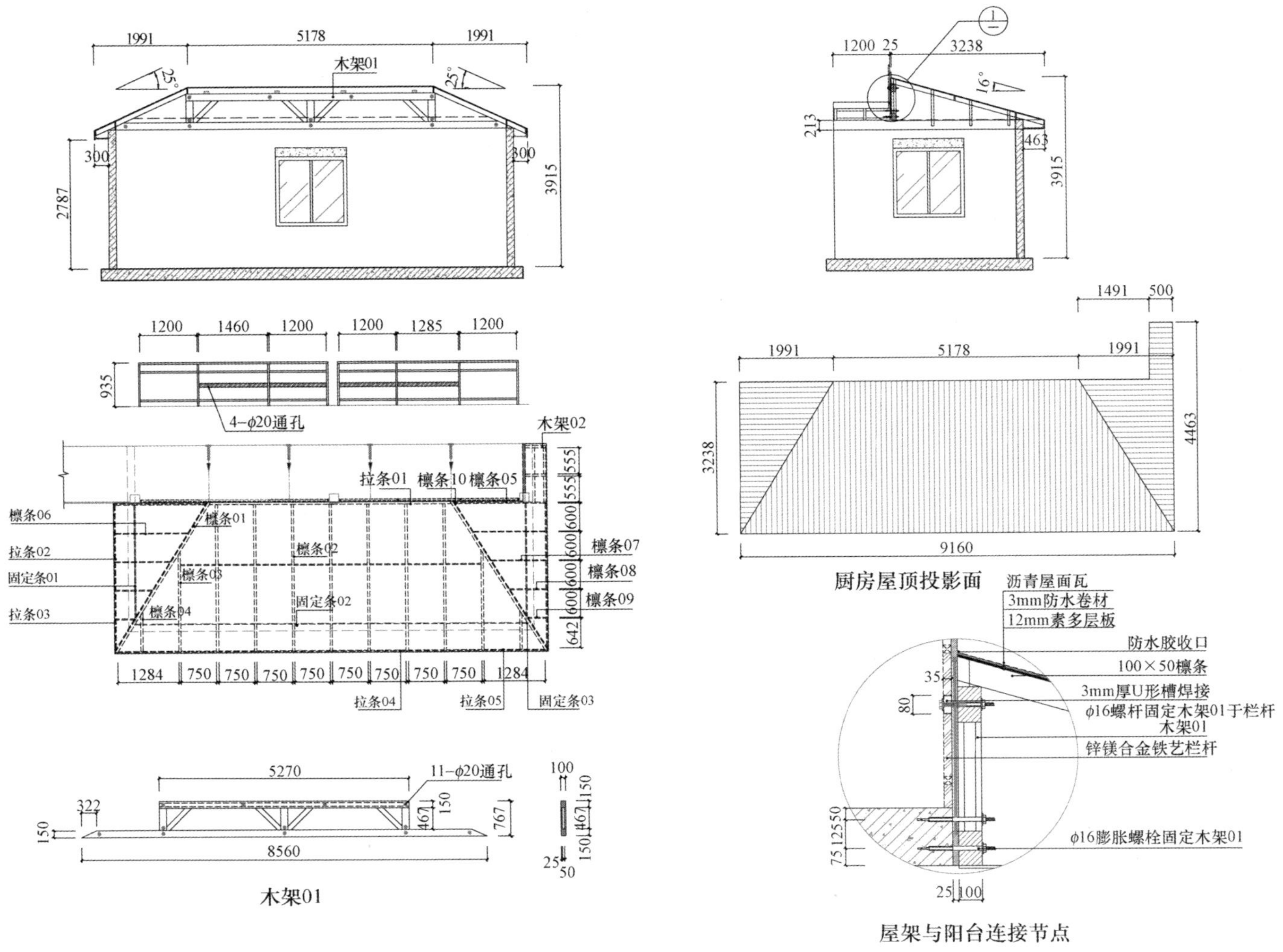

1991
5178
1991
木架01
25°
25°
300
300
2787
3915
1200
1460
1200
1200
1285
1200
935
4-ϕ20通孔
木架02
拉条01
檩条10
檩条05
555
555
600
600
600
600
642
檩条06
檩条01
檩条02
拉条02
固定条01
檩条03
固定条02
拉条03
檩条04
檩条07
檩条08
檩条09
1284
750
750
750
750
750
750
750
750
1284
拉条04
拉条05
固定条03
5270
11-ϕ20通孔
322
150
150
467
767
8560
100
150
467
150
25
50
木架01
1200
25
3238
16°
213
463
3915
1491
500
1991
5178
1991
3238
4463
9160
厨房屋顶投影面
沥青屋面瓦
3mm防水卷材
12mm素多层板
防水胶收口
100×50檩条
35
3mm厚U形槽焊接
80
ϕ16螺杆固定木架01于栏杆
木架01
锌镁合金铁艺栏杆
75 125 50
ϕ16膨胀螺栓固定木架01
25
100
屋架与阳台连接节点

图 12-11 厨房屋架图

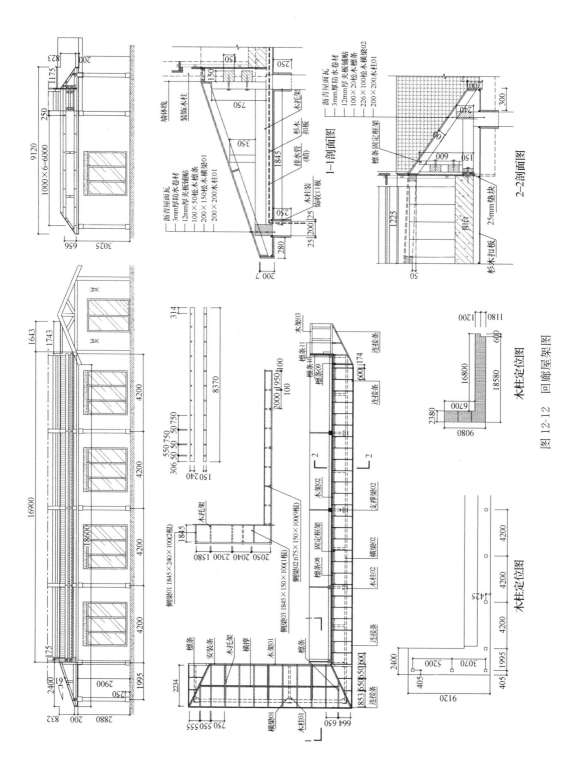

图 12-12　回廊屋架图

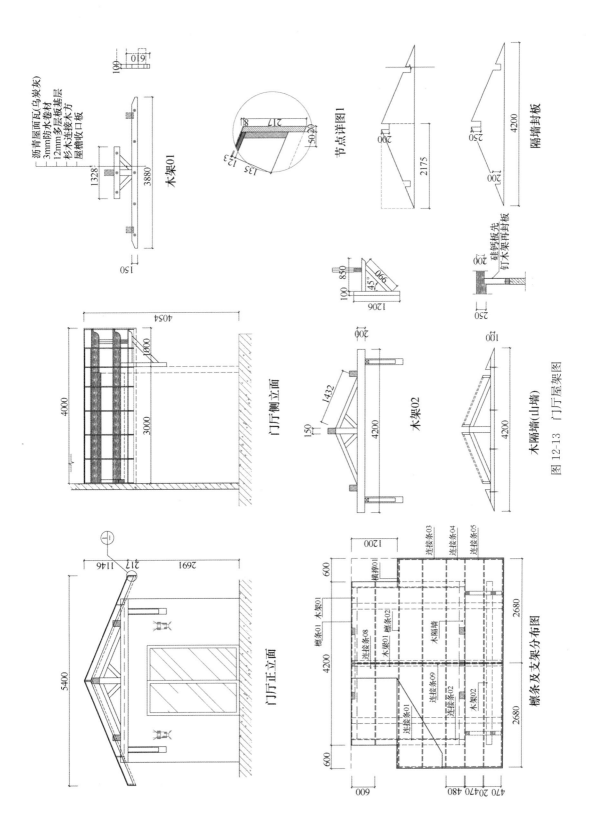

沥青屋面瓦(乌炭灰)
3mm防水卷材
12mm多层板基层
杉木连接木方
屋檐收口板

木架01

节点详图1

隔墙封板

门厅侧立面

木架02

门厅正立面

硅钙板先
钉木架再封封板

木隔墙(山墙)

图12-13 门厅屋架图

檩条及支架分布图

连接条03
连接条04
连接条05
横撑
木架01
檩条01
檩条08
连接条01
连接条02
木隔墙
连接条09
连接条02
木架02
檩条02

第 13 章　蒙塔纳预制装配式酒店

蒙塔纳酒店

风　　格：新北欧风情
功能规划：22 间客房、餐饮、会议
层　　数：四层
占地面积：622.52m^2
建筑面积：1523.57m^2
预 制 率：100％

Montana Hotel

Style：New Nordic
Functional planning：twenty-two rooms,
dining rooms and meeting rooms
Storeys：four
Floor area：622.52m^2
Building area：1523.57m^2
Prefabricated rate：100％

　　下文将从平面、立面、剖面以及入口门厅、葡萄架等构件（图 13-1～图 13-12）对该系列酒店进行详细展示。

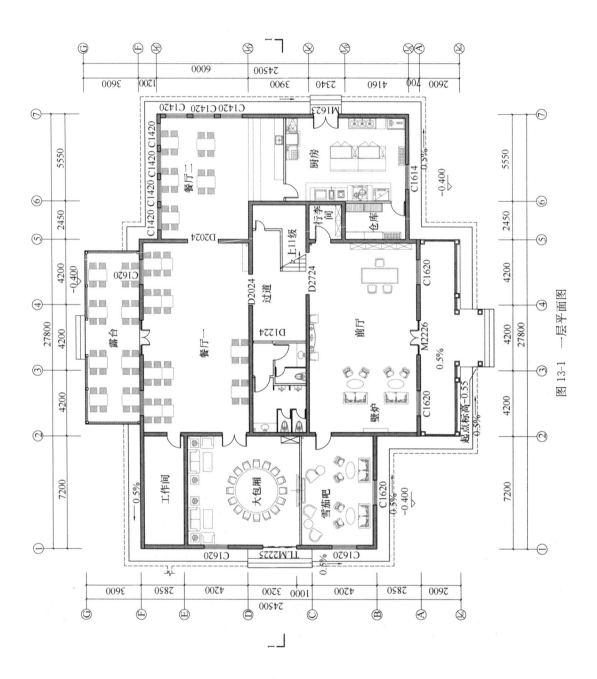

图 13-1 一层平面图

餐厅二

厨房

C1420 C1420 C1420 C1420 C1420 C1420

M1623

C1614

−0.400

0.5%

D2024

行李间

仓库

上11级

餐厅一

过道

D2024

D2724

D1224

前厅

露台

C1620

−0.400

C1620

M2226

壁炉

C1620

0.5%

起点标高−0.55

0.5%

工作间

大包厢

雪茄吧

C1620

−0.400

0.5%

C1620

TLM2225

0.5%

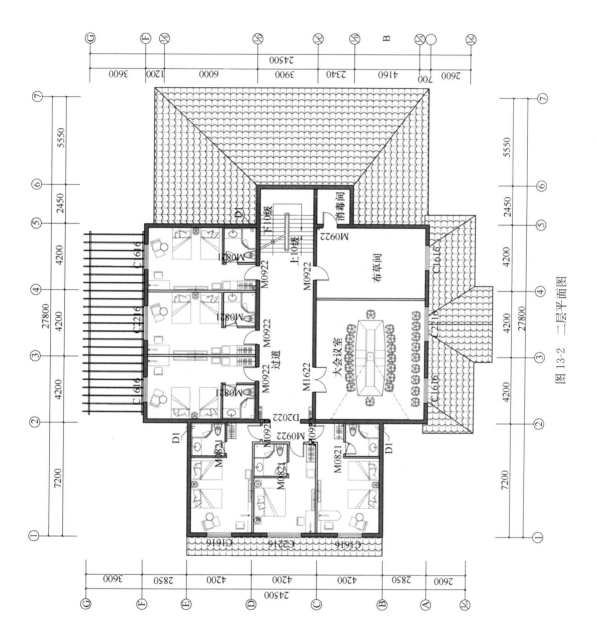

图 13-2　二层平面图

275

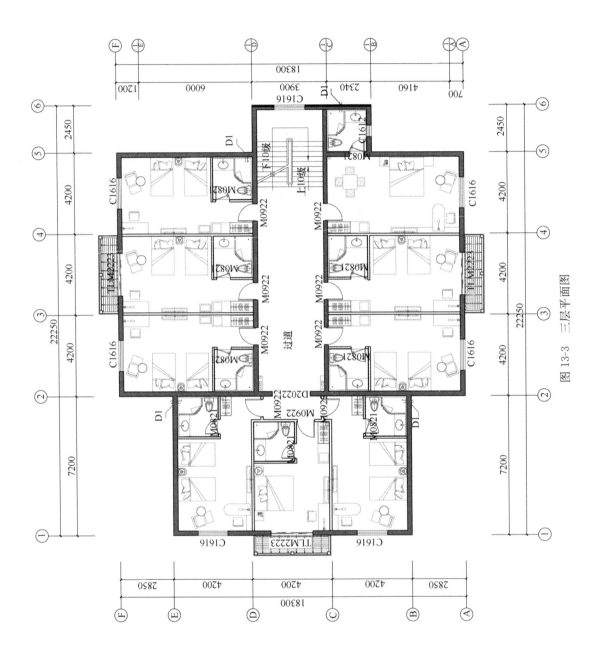

图 13-3 三层平面图

276

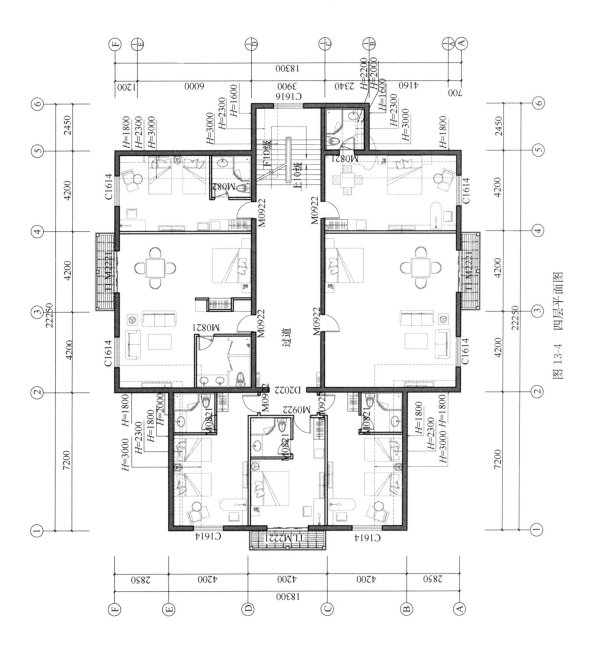

图 13-4 四层平面图

277

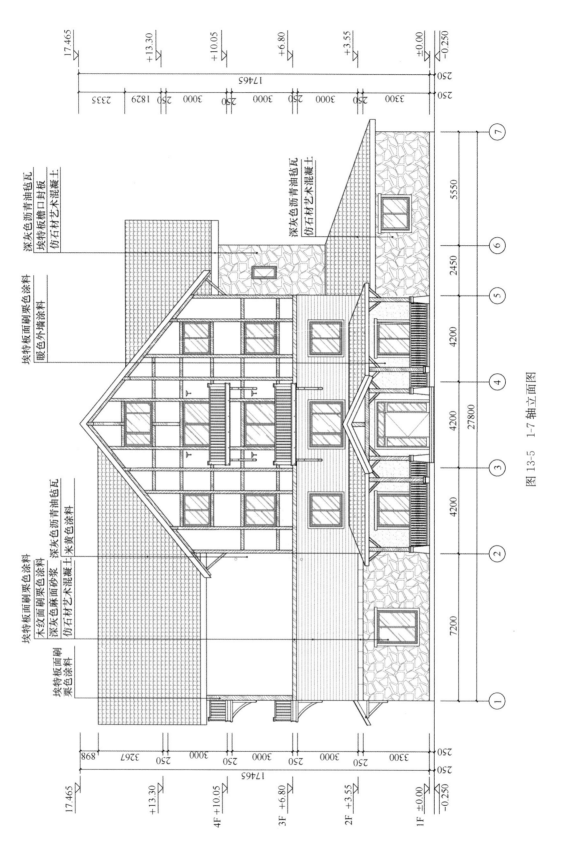

图 13-5 1-7 轴立面图

深灰色沥青油毡瓦
埃特板檐口封板
仿石材艺术混凝土

深灰色沥青油毡瓦
仿石材艺术混凝土

埃特板面刷栗色涂料
暖色外墙涂料

埃特板面刷栗色涂料
木纹面刷栗色涂料
深灰色麻面砂浆
仿石材艺术混凝土 深灰色沥青油毡瓦 米黄色涂料

埃特板面刷
栗色涂料

17.465

+13.30

+10.05

+6.80

+3.55

±0.00
-0.250

17465

250 2335 250 1829 250 3000 250 250 3000 250 3000 250 3300 250

5550 2450 4200 4200 4200 7200

27800

① ② ③ ④ ⑤ ⑥ ⑦

4F +10.05
3F +6.80
2F +3.55
1F ±0.00

17.465
+13.30

250 898 3267 250 3000 250 250 3000 250 250 3000 250 3300 250

17465

-0.250

278

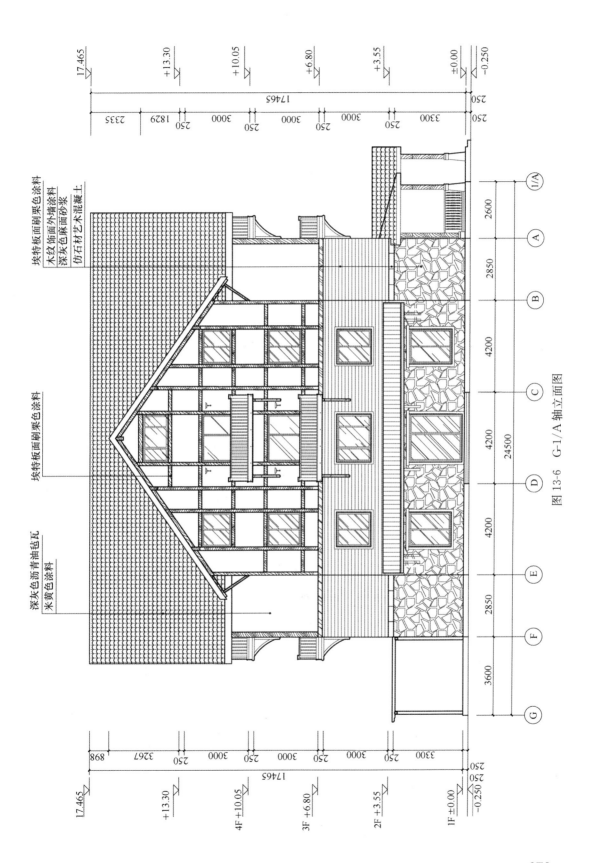

图 13-6　G-1/A 轴立面图

279

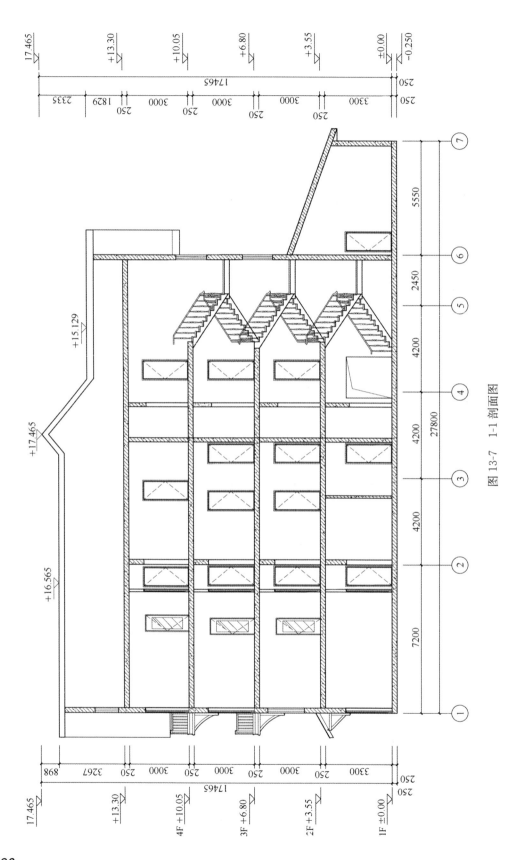

图 13-7　1-1 剖面图

280

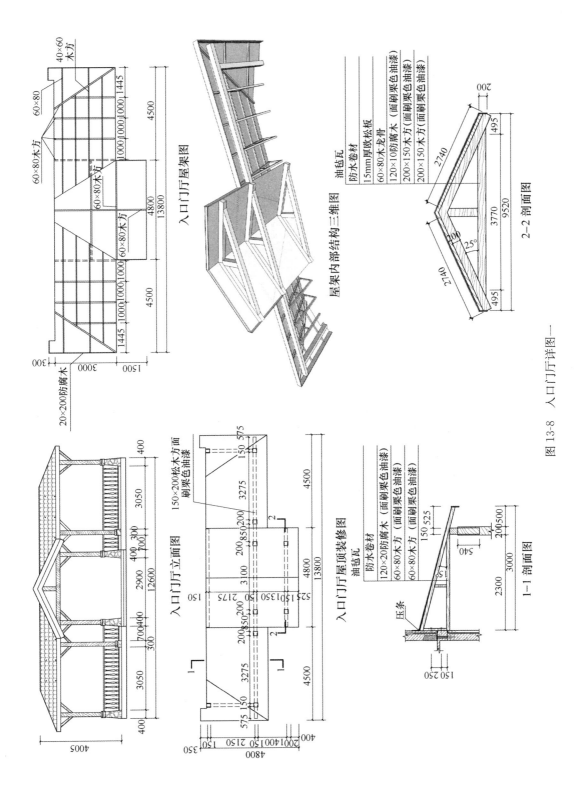

40×60
木方

60×80

60×80木方

60×80木方

60×80木方

4500

4800

13800

4500

300

3000

1500

300

20×200腐木

1000 1000 1000 1000 1445

1445 1000 1000 1000

入口门厅屋架图

屋架内部结构三维图

油毡瓦
防水卷材
15mm厚欧松板
60×80木龙骨
120×10防腐木（面刷栗色油漆）
200×150木方（面刷栗色油漆）
200×150木方（面刷栗色油漆）

200

495

2740

9520

3770

495

100

25°

2740

2-2 剖面图

400

3050

400 300

400 700

2900

700 400

300

3050

400

4005

12600

入口门厅立面图

150×200松木方面
刷栗色油漆

150 575

3275

200 850 200

3100

200 850 200

3275

575 150

4500

4800

13800

4500

2

2

1

1

525 150 350 50 2175 150

400

200 400 150 2150 150

350

4800

入口门厅屋顶装修图
油毡瓦
防水卷材
120×20防腐木（面刷栗色油漆）
60×80木方（面刷栗色油漆）
60×80木方（面刷栗色油漆）

压条

150 525

150

540

200 500

2300

3000

150 250

1-1 剖面图

图 13-8 入口门厅详图一

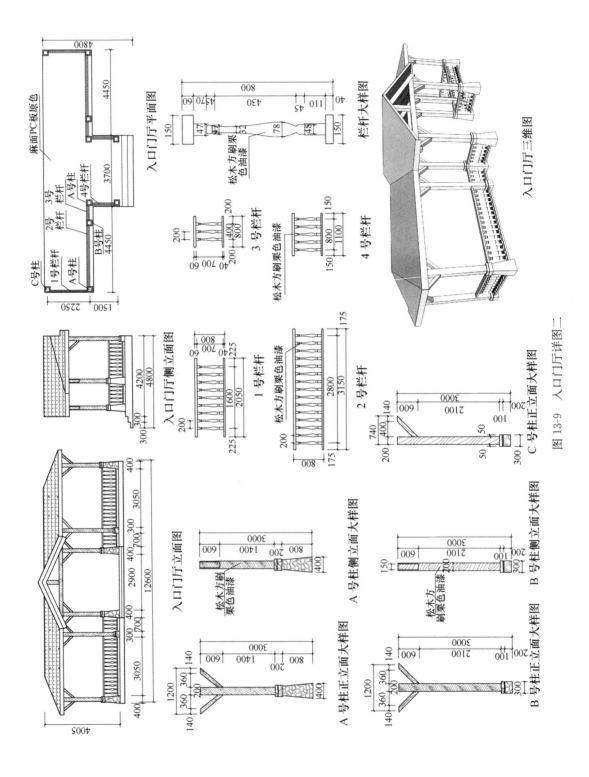

麻面PC板原色

入口门厅平面图

栏杆大样图

松木方刷栗色油漆

3号栏杆

松木方刷栗色油漆

4号栏杆

入口门厅三维图

入口门厅侧立面图

1号栏杆

松木方刷栗色油漆

2号栏杆

C号柱正立面大样图

入口门厅立面图

松木方刷栗色油漆

A号柱侧立面大样图

B号柱侧立面大样图

松木方刷栗色油漆

A号柱正立面大样图

B号柱正立面大样图

图13-9 入口门厅详图二

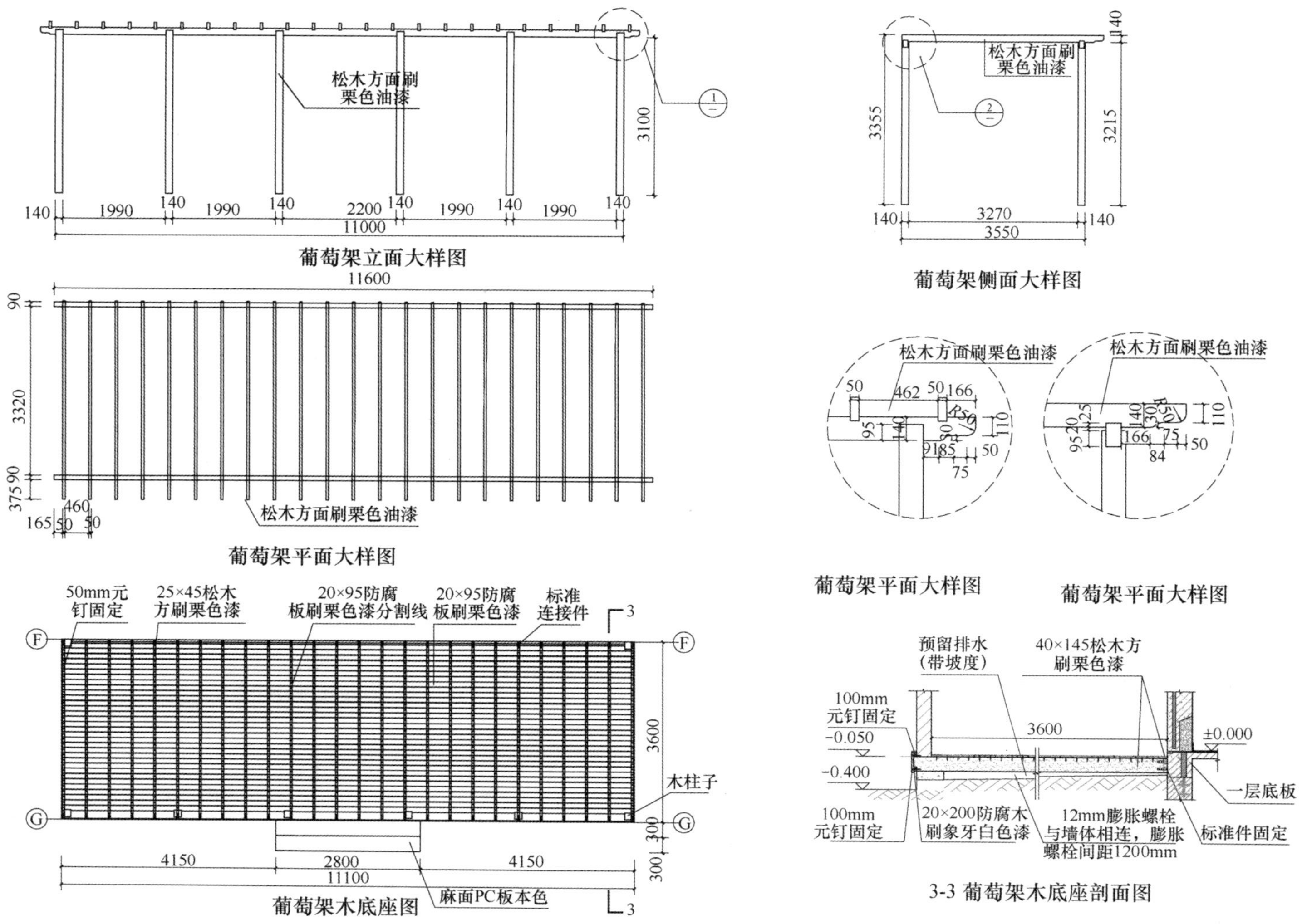
松木方面刷
栗色油漆
3100
140
1990
140
1990
140
2200
140
1990
140
1990
140
11000
葡萄架立面大样图
11600
90
3320
90
375
165
460
50
50
松木方面刷栗色油漆
葡萄架平面大样图
50mm元
钉固定
25×45松木
方刷栗色漆
20×95防腐
板刷栗色漆分割线
20×95防腐
板刷栗色漆
标准
连接件
3
F
G
3600
木柱子
300
300
4150
2800
4150
11100
麻面PC板本色
葡萄架木底座图
140
松木方面刷
栗色油漆
3355
3215
140
3270
140
3550
葡萄架侧面大样图
松木方面刷栗色油漆
50
462
50
166
R50
110
95
140
30
9
185
50
75
松木方面刷栗色油漆
25
140
30
R50
110
95
20
166
75
84
50
葡萄架平面大样图
葡萄架平面大样图
预留排水
(带坡度)
40×145松木方
刷栗色漆
100mm
元钉固定
-0.050
-0.400
3600
±0.000
一层底板
100mm
元钉固定
20×200防腐木
刷象牙白色漆
12mm膨胀螺栓
与墙体相连，膨胀
螺栓间距1200mm
标准件固定
3-3 葡萄架木底座剖面图

图 13-10 葡萄架详图

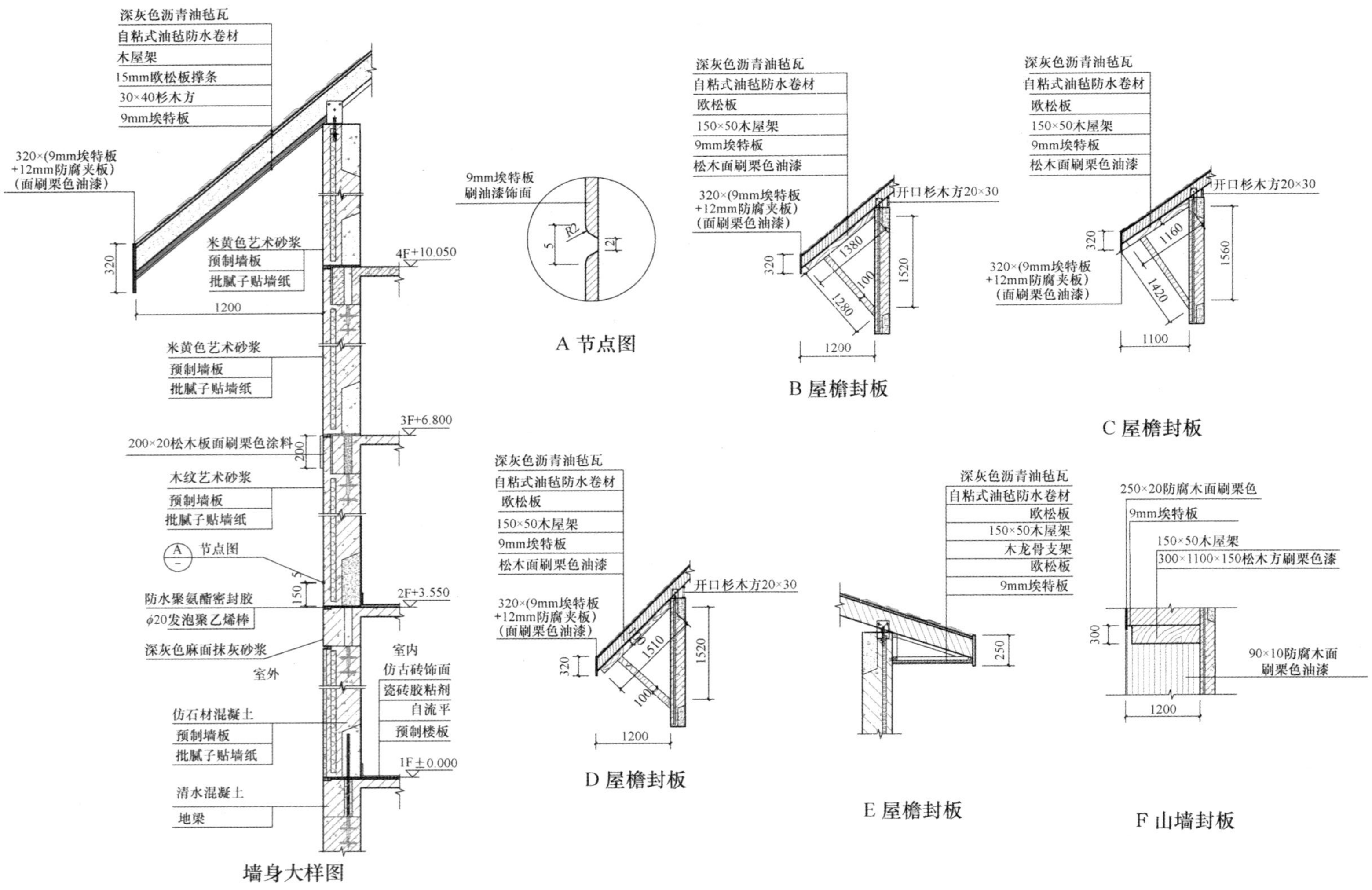

C 屋檐封板

250×20防腐木顶刷栗色
9mm埃特板

深灰色沥青油毡瓦
自粘式油毡防水卷材
欧松板
150×50木屋架
9mm埃特板
松木面刷栗色油漆
320×(9mm埃特夹板
+12mm防腐夹板)
(面刷栗色油漆)

开口杉木方20×30

1560
1100
1420
1100
320

F 山墙封板

90×10防腐木面
刷栗色油漆

300×1100×150松木方刷栗色漆
150×50木屋架

300
1200

E 屋檐封板

深灰色沥青油毡瓦
自粘式油毡防水卷材
欧松板
150×50木屋架
木龙骨支架
欧松板
9mm埃特板

250

B 屋檐封板

开口杉木方20×30

深灰色沥青油毡瓦
自粘式油毡防水卷材
欧松板
150×50木屋架
9mm埃特板
松木面刷栗色油漆
320×(9mm埃特板
+12mm防腐夹板)
(面刷栗色油漆)

1520
1100
1380
1280
1200
320

D 屋檐封板

深灰色沥青油毡瓦
自粘式油毡防水卷材
欧松板
150×50木屋架
9mm埃特板
松木面刷栗色油漆
320×(9mm埃特板
+12mm防腐夹板)
(面刷栗色油漆)

开口杉木方20×30

1520
1510
100
1200
320

A 节点图

9mm埃特板
刷油漆饰面

墙身大样图

深灰色沥青油毡瓦
自粘式油毡防水卷材
木屋架
15mm欧松板挂条
30×40杉方
9mm埃特板
320×(9mm埃特板
+12mm防腐夹板)
(面刷栗色油漆)

1200
320

4F+10.050
3F+6.800
2F+3.550
1F±0.000

米黄色艺术砂浆
预制墙板
批腻子贴墙纸

米黄色艺术砂浆
预制墙板
批腻子贴墙纸

木纹艺术面刷栗色涂料
预制墙板
批腻子贴墙纸

200×20松木面刷栗色油漆

A 节点图

室内

防水浆氨醋密封胶
φ20发泡聚乙烯棒
深灰色麻面抹灰砂浆

室外

150

仿古砖饰面
瓷砖胶粘剂
预制墙板

仿石材混凝土
预制墙板
批腻子贴墙纸
清水混凝土
地梁

200

图 13-11 墙身、檐口封板大样图

284

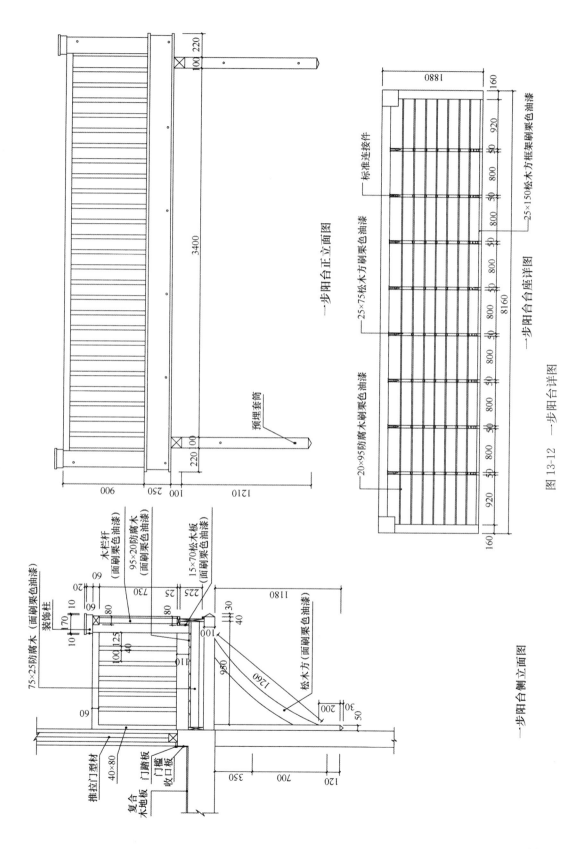

一步阳台正面图

3400

220
100
100
220

预埋套筒

006
900
250
100
100
1210

一步阳台侧立面图

木栏杆
（面刷栗色油漆）

95×20防腐木
（面刷栗色油漆）

15×70松木板
（面刷栗色油漆）

75×25防腐木（面刷栗色油漆）
装饰柱

60
20
730
225
25

10
170
60
80

10
100 125
40
80

1180

110

100
130
40

950
1260

松木方（面刷栗色油漆）

200
200
30
50

推拉门型材

40×80

复合
木地板
门踏板
门槛
收口板

120
700
350

1880
160

标准连接件

25×150松木方框架刷栗色油漆

25×75松木方刷栗色油漆

20×95防腐木刷栗色油漆

920
50
800
50
800
50
800
50
800
50
800
50
800
50
920

160
160

8160

一步阳台台座详图

图13-12 一步阳台详图